经济管理国家实验教学示范中心
经济管理省级实验教学示范中心　共同资助

暨南大学经济管理实验中心实验教材

数据统计分析 及R语言编程（第二版）

Data Statistics Analysis and R Language Program

王斌会　编著

北京大学出版社
PEKING UNIVERSITY PRESS

暨南大学出版社
JINAN UNIVERSITY PRESS

中国·北京　　　　　　中国·广州

图书在版编目（CIP）数据

数据统计分析及 R 语言编程／王斌会编著．—2 版．—广州：暨南大学出版社，2017.6
ISBN 978 - 7 - 5668 - 2100 - 3

Ⅰ. ①数…　Ⅱ. ①王…　Ⅲ. ①统计数据—统计分析②程序语言—程序设计　Ⅳ. ①O212.1
②TP312

中国版本图书馆 CIP 数据核字（2017）第 093292 号

数据统计分析及 R 语言编程（第二版）
SHUJU TONGJI FENXI JI R YUYAN BIANCHENG（DIERBAN）
编著者：王斌会

- -

出 版 人：徐义雄
责任编辑：曾鑫华
责任校对：邓丽藤
责任印制：汤慧君　周一丹

出版发行：暨南大学出版社（510630）
电　　话：总编室（8620）85221601
　　　　　营销部（8620）85225284　85228291　85228292（邮购）
传　　真：（8620）85221583（办公室）　85223774（营销部）
网　　址：http：//www.jnupress.com　http：//press.jnu.edu.cn
排　　版：广州市天河星辰文化发展部照排中心
印　　刷：广东广州日报传媒股份有限公司印务分公司
开　　本：787mm×1092mm　1/16
印　　张：15
字　　数：365 千
版　　次：2014 年 8 月第 1 版　2017 年 6 月第 2 版
印　　次：2017 年 6 月第 2 次
印　　数：3001—6000 册
定　　价：39.00 元

第二版前言

统计学是研究不确定性现象数量规律性的方法论科学，在众多的专业、学科领域中都起着重要的作用，具有很强的应用性，是进行科学研究的一项重要工具，在自然科学、社会科学和经济管理等领域已得到越来越广泛的应用。随着计算机的普及和统计软件的广泛使用，了解和运用它的人迅速增加。作为数据处理非常有用的方法，它在各个领域都卓有成效。

众所周知，数据的统计分析是以概率统计为基础，应用统计学的基本原理和方法，结合计算机对实际资料和信息进行收集、整理和分析的一门科学。因此，它的原理较为抽象，对学生的数学基础要求也较高，教学中存在着大量的数学公式、数学符号、矩阵运算和统计计算，必须借助于现代化的计算工具。

R 语言是属于 GNU 系统的一个自由、免费、源代码开放的软件，是一个用于统计计算和统计制图的优秀工具。在目前保护知识产权的大环境下，开发和利用 R 语言将对我国的统计事业有非常重大的现实意义。

本书是关于 R 语言的一本入门教材，由于主要针对初学者，将重点放在了对 R 语言工作原理的解释上。R 语言涉及广泛，因此对于初学者来讲，了解和掌握一些基本概念及原理是很有必要的。读者在打下扎实的基础后，进行更深入的学习将会变得轻松许多。本着深入浅出的宗旨，本书配有大量图表，使用尽可能通俗的语言，使读者容易理解而又不失细节。

本书的特色是：

（1）原理、方法、算法和实例分析相结合：鉴于目前计算机统计分析软件已是统计分析应用中不可缺少的工具，本书特别强调各种统计分析的 R 语言算法实现，使得给出的计算方法更有实用价值。

（2）解决统计软件用于统计学教学和科研中存在的问题：国内目前缺乏适合开展统计分析教学科研的统计分析软件，如 SAS、SPSS、S－PLUS 等统计软件，由于没有版权，需要昂贵的购买费用，更新很慢，并且需要大量的维护费用，许多内容与教科书设置不完全一致，财经管类学生和研究人员使用较为困难。

（3）提供了一些用于统计分析的 R 语言程序，特别是统计模拟方面的内容，并及时加入现代统计的一些新方法。本书中的所有结果、图形和算法都是由 R 语言给出的。

（4）研究如何将统计软件的数据处理与统计教学相结合，形成一套完整的教学与科研相结合的统计过程。在教学与科研一体化的功能上，在数据编辑、统计分析、统计设计、统计绘图和统计帮助上充分体现多媒体教学的特点。

本书的最大特点在于从数据处理的角度来讲解统计分析，而不是从统计分析的角度来介绍数据处理。也就是说，本书在数据收集与处理上采用了一套比较方便的流程，即用一组数据贯穿于整个数据统计分析过程，这样可使读者不必花很多时间去了解各种数据的特性，并寻找合适的统计方法来进行数据分析。

本书的内容安排吸收了国内外有关统计分析教材的特点,在章节的安排上遵循由浅入深、由简到繁的原则,对统计量和分布进行了较为详细的介绍,增加了许多探索性统计分析的内容和一些统计推断的内容,同时附加了一些数据结构和矩阵运算的概念。书中的主要内容是笔者在暨南大学多年从事统计计算教学的研究成果的基础上编写而成的,还包括笔者多年从事统计计算教学的心得体会。

2006年初,笔者在日本访问期间,同志社大学的金明哲教授告诉笔者,即使在知识产权保护相当完善的发达国家,许多大学也在广泛采用R语言进行统计分析和教学,不仅因为它是免费的,还因为它是实时更新的(大约每三个月更新一次),更重要的是,它不断吸收最先进的统计技术。所以金教授建议笔者在国内开展R语言方面的研究,并积极鼓励笔者撰写R语言指导书,介绍R语言的特色和优势,于是促成了《R语言统计分析软件教程》《多元统计分析及R语言建模》及本书的出版。

本书是国内第一本用R语言从数据处理角度编写的统计分析教程,这次修订主要扩展了三个方面的内容:

(1)对全书进行了适当的扩充和调整,每章增加了相应的练习题。

(2)优化了部分章节的代码和操作,公开了本书自编函数的源代码,使读者可以深入理解R语言函数的编程技巧,也使读者可以在不向作者索求开发包的情况下使用本书,并用这些函数建立自己的开发包。

(3)建立了本书的R语言学习博客(Rstat. leanote. com),书中的数据、代码、例子、习题都可直接在网上下载使用。

本书的完成得到了暨南大学统计学系尹居良、侯雅文、谢贤芬老师,广东金融学院汪志宏、何志锋老师,广东财经大学王志坚、李雄英老师等的帮助;暨南大学统计学系研究生颜斌、徐锋、洪嘉灏、瞿尚薇、张佳萍、邓文、蒋鸽、史立新、刘弥然、赵子然、谢杰等人为本书的出版提供了一些资料和信息,在此深表谢意!

由于笔者知识和水平有限,书中难免有错误和不足之处,恳请读者批评指正!

王斌会
2017年4月于暨南园

目　录

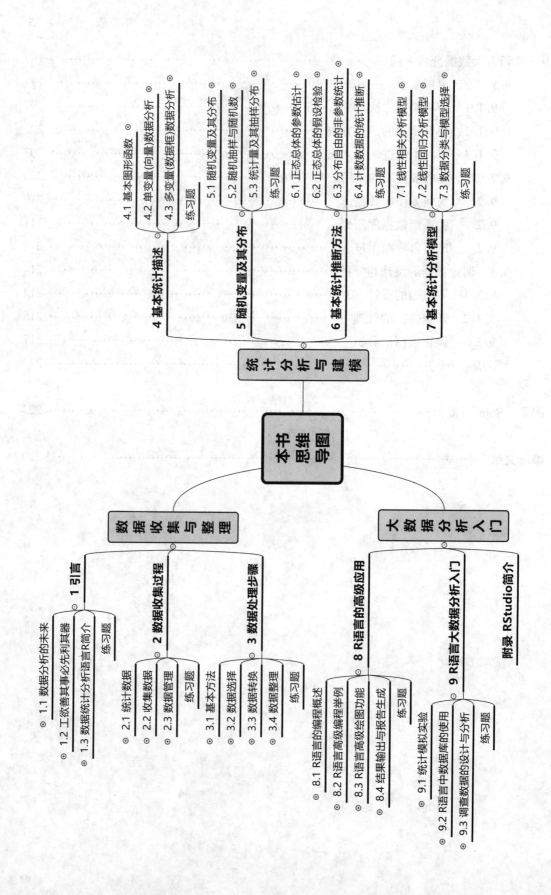

本书思维导图

统计分析与建模

4 基本统计描述
- ⊘ 4.1 基本图形函数
- ⊘ 4.2 单变量(向量)数据分析
- ⊘ 4.3 多变量(数据框)数据分析
- 练习题

5 随机变量及其分布
- ⊘ 5.1 随机变量及其分布
- ⊘ 5.2 随机抽样与随机数
- ⊘ 5.3 统计量及其抽样分布
- 练习题

6 基本统计推断方法
- ⊘ 6.1 正态总体的参数估计
- ⊘ 6.2 正态总体的假设检验
- ⊘ 6.3 分布自由的非参数统计
- ⊘ 6.4 计数数据的统计推断
- 练习题

7 基本统计分析模型
- ⊘ 7.1 线性相关分析模型
- ⊘ 7.2 线性回归分析模型
- ⊘ 7.3 数据分类与模型选择
- 练习题

数据收集与整理

1 引言
- ⊘ 1.1 数据分析的未来
- ⊘ 1.2 工欲善其事必先利其器
- ⊘ 1.3 数据统计分析语言R简介
- 练习题

2 数据收集过程
- ⊘ 2.1 统计数据
- ⊘ 2.2 收集数据
- ⊘ 2.3 数据管理
- 练习题

3 数据处理步骤
- ⊘ 3.1 基本方法
- ⊘ 3.2 数据选择
- ⊘ 3.3 数据转换
- ⊘ 3.4 数据整理
- 练习题

大数据分析入门

8 R语言的高级应用
- ⊘ 8.1 R语言的编程概述
- ⊘ 8.2 R语言高级编程举例
- ⊘ 8.3 R语言高级绘图功能
- ⊘ 8.4 结果输出与报告生成
- 练习题

9 R语言大数据分析入门
- ⊘ 9.1 统计模拟实验
- ⊘ 9.2 R语言中数据库的使用
- ⊘ 9.3 调查数据的设计与分析
- 练习题

附录 RStudio简介

1 引 言

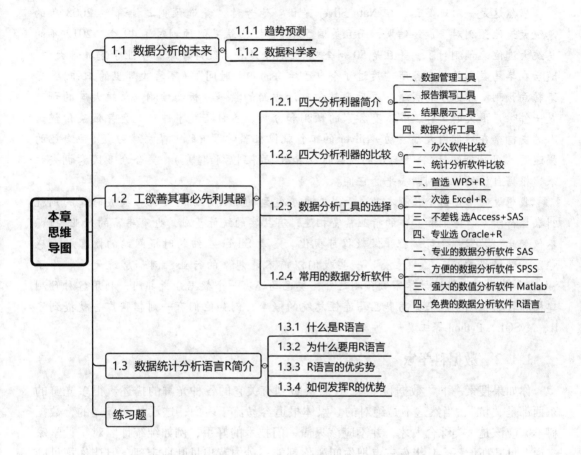

1.1　数据分析的未来

市场上流行一个观点：数据越便宜，数据分析技术越昂贵。目前数据在中国很难获取，大家都把数据当资源来卖。国外就不一样，国外开放很多数据，因为国外的人认为，数据里面的信息才是资源。他们把数据源放开，若有本事就从里面寻找信息吧。所以，国外分析数据的人才的薪酬很高。

将来，中国的数据提供商必定会转型，会做咨询和分析，而不是单纯地卖数据。他们不卖数据了，数据分析师就开始值钱了。相信这一天很快就会到来！

1.1.1　趋势预测

下面我们通过一个例子来说明数据分析的未来趋势①。

---

① 谢益辉. 数据科学家的崛起.（2012 – 11 – 25）. http：//cos. name/2012/11/the – rise – of – data – scientists.

2012 年美国总统大选是奥巴马的胜利，但实际上也是统计学家的胜利。奥巴马当选之夜，我看见推特上有一条消息被疯狂转载：

NATE SILVER ELECTED 44TH PRESIDENT OF UNITED STATES

当然这是一句玩笑话，但 Nate Silver 是谁？他号称"竞选预测之神谕"：2008 年的总统大选他预测对了最终结果，而且美国 50 州的投票结果他预测对了 49 个；2012 年的总统大选他又预测对了，并且是 50 州全对。Silver 是一名统计学家，毕业于芝加哥大学，随后在毕马威会计师事务所"度过了令自己后悔的四年时间"（不喜欢那里的工作），后来转向预测棒球选手的成绩，再后来转向政治方面的数据分析和预测。总统大选的预测是一件噪声很大的工作，各家有各家的预测和分析，各种突发事件可能会导致某位候选人的支持率在短期内大幅波动。Silver 的工作就像机器学习中的"集成学习"（他自己的描述是"贝叶斯统计"，用自己的先验信息和数据得到后验信息），集合众多民意调查结果，根据自己的经验判断去平衡它们。

我想说的不是这个预测本身，而是我所感觉到的统计学家的变化。换成时髦的词就叫数据科学家。他们和具体的行业紧密相连，有扎实的统计基础，也有丰富的行业经验。不仅如此，大家都会玩编程、做数据可视化。看看 Silver 在纽约时报网站的博客就有感觉了。数据科学家正在"入侵"一些我们以前不能想象的行业，例如总统大选。除了 Silver 和其他一大批统计学家做预测之外，奥巴马还有一个数据分析部门，利用各种预测建模和数据挖掘手段来提高奥巴马连任总统的概率，例如他们有一则招聘广告就提到了R、MySQL、Python 等工具。

1.1.2 数据科学家

你如果搜索一下"数据科学家"，就会看到有关它的各种光鲜的描述。很多光鲜的东西都是"坑"，当然这不是绝对的。媒体报道容易流于表面，这没什么奇怪的，数据科学家应该是一类综合人才，并不应该只懂一门技术的好手，例如纯统计。对统计学家来说，贝叶斯谁不会！半夜三点把你叫醒你都能三秒内背出贝叶斯定理，但让你把贝叶斯统计用到总统大选上，可能就没多少人做得了这件事情了。

数据科学家的概念是近几年在美国提出的，在中国发展如何，我们拭目以待。

下面是最近关于数据科学家的一则新闻，供大家参考①。

最近的 KDnuggets 民意测验显示出民众对特朗普移民禁令的强烈反对。测验的问题只有一个：你支持特朗普的移民禁令（13769 号行政令，"阻止外国恐怖分子进入美国的国家保护计划"或称为"禁穆令"）吗？

KDnuggets 组织的这次针对 1 000 名分析专业人士和数据科学家的民意测验，结果显示：约 75% 的全球受访者和约 77% 的美国受访者反对特朗普的移民禁令。这一民意测验反映出了很强的两极化特征，有着强烈观点的一方都占了显著多数。

KDnuggets 读者调查显示：全世界有近 75% 的数据科学家反对特朗普的移民禁令，但中国居然有 60% 的数据科学家表示支持！这实在让人难以琢磨。

---

① http：//www.kdnuggets.com/2017/02/poll－data－scientists－oppose－trump－immigration－ban.html.

投票结果如下图所示（R 代码）①，总体显示出民众对禁令的强烈反对。综合"强烈反对"和"有点反对"的结论来看，约有 75% 的投票反对禁令，有 20.2% 表示支持，只有 4.8% 的人表示"不确定"。因为大部分问卷对象是数据科学家，所以该投票结果充分证明：全球的数据科学家们强烈反对特朗普的移民禁令。

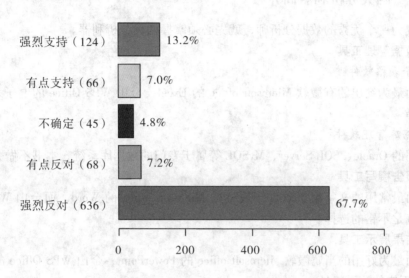

我们也注意到结果中透露出的明显的特征。对移民禁令"强烈反对"的人数是"有点反对"人数的 9 倍多；"强烈支持"的人数也几乎是"有点支持"人数的 2 倍。

特朗普禁令遭到了全球范围内的反对，但令人讶异的是，各个地区仍有人会支持禁令，特别是在亚洲（主要是在中国、日本和印度）和非洲/中东（在以色列人的带动下），其支持度较高。

根据调查显示，下列国家中，一些国家（有 5 个以上受访者的国家）有 80% 及以上的数据科学家反对禁令；还有些国家则站在对立一方，这些国家（有 5 个以上受访者的国家）有 30% 及以上的数据科学家支持禁令。

反对的国家	韩国（100%）、丹麦（100%）、匈牙利（100%）、爱尔兰（100%）、瑞典（100%）、荷兰（92%）、土耳其（88%）、西班牙（86%）、德国（84%）、墨西哥（83%）、法国（80%）、巴西（80%）、澳大利亚（80%）
支持的国家	以色列（83%）、中国（60%）、日本（43%）、比利时（33%）、意大利（33%）、印度尼西亚（33%）、俄罗斯（33%）、印度（30%）

---

① S = c('强烈反对', '有点反对', '不确定', '有点支持', '强烈支持')；D = c(636, 68, 45, 66, 124)；B = barplot(D, xlim = c(0, 800), names.arg = paste(S, '(', D, ')'), horiz = T, las = 1, col = 2:6)；text(D, B, labels = paste(round(D/sum(D)*100, 1), "%"), pos = 4)。

1.2 工欲善其事必先利其器

1.2.1 四大分析利器简介

要想成为一个优秀的数据分析师，就先必须掌握四大分析利器。

一、数据管理工具

1. 电子表格软件

这方面最为突出的有微软 Microsoft office 的 Excel，金山 WPS Office 的电子表格也是不错的选择。

2. 数据库管理软件

如常用的 Oracle、SQL Server、MySQL 等属于专门的数据库系统，本书不做介绍。

二、报告撰写工具

这方面最常用的文字编辑软件当属微软 Microsoft office 的 Word，而金山 WPS Office 的 Writer 也是不错的选择。

三、结果展示工具

这方面最为好用的当属微软 Microsoft office 的 PowerPoint，金山 WPS Office 的 Presentation 也是不错的演示工具。

四、数据分析工具

这方面的软件比较多，如常用的 SAS、SPSS 和 Matlab 等，还有后起之秀如 Stata 和 R 语言。这其中除了 R 语言外，其他皆为收费软件，而且价格不菲。R 语言不仅免费还开源，是一个跨平台系统。

前三类工具作为常用的办公软件，大多数人都会使用，也不是本书的重点，在此不做详细介绍，读者可到各自官方网站上了解。

1.2.2 四大分析利器的比较

一、办公软件比较

办公软件	安装文件大小	优势	不足
Microsoft office	约 1 000M	程序庞大，功能越来越强大	安装文件庞大，购买费用较高，升级频繁，兼容性较差
WPS Office	约 60M	小巧，免费，模板丰富，符合国人的使用习惯	功能有待加强，缺少数据库和绘图模块

二、统计分析软件比较

统计分析软件	安装文件大小	优势	不足
SAS	约 2 000M	程序庞大，功能越来越强大，可解决大数据问题	安装文件庞大，购买费用较高，升级频繁，兼容性较差，命令较多，编程困难
SPSS	约 800M	界面友好，操作方便	购买费用较高，升级麻烦，功能有待加强
R 语言	约 60M	小巧，免费，开源，附加包丰富	需要编程，入门较为困难

1.2.3 数据分析工具的选择

通过上面的分析，作为一个数据分析师，笔者认为可按下面的思路来选择数据分析工具。

一、首选 WPS + R

如果仅仅是做一般的数据统计分析，数据量不是特别大（十万级以下），而且要求系统免费、开源、跨平台，那么首选的数据统计分析软件组合应该是 WPS + R。

二、次选 Excel + R

如果你的数据量较小（65 536 行×256 列），使用的是 Windows 平台的话，考虑 Microsoft office（低于 2007 版）在国内的流行程度，也可考虑用 Excel + R，但 Excel 收费。

三、不差钱选 Access + SAS

如果你的数据量很大（十万级以上），使用的是 Windows 平台的话，一般用户可用 Microsoft office 的 Excel（高于 2007 版）+ SPSS（收费），企业用户可用 Microsoft office 的 Access（高于 2007 版）+ SAS（费用较高）。

四、专业选 Oracle + R

如果你的数据量是百万甚至是千万级，那么一般要使用专业的数据库软件进行分析，如 MS Sqlserver、Oracle 和 MySQL，本书暂不做介绍。

WPS Office 的电子表格与 Microsoft office 的 Excel 相互兼容，并有一致的操作界面，符合国人的使用习惯，WPS 的电子表格的缺点是不包含 Excel 的基本的数据分析模块。

综上所述，常规的数据分析师，特别是高校的教师和学生进行教学和科研时，选用 ET + R 就可以了。如果你的电脑已经装有 Microsoft office，那么用 Excel + R 将是最好的组合。

由于 Excel 已成为电子表格（ET）类软件的事实标准，因此我们下面在说法上将不区分电子表格和 Excel。

1.2.4 常用的数据分析软件

一、专业的数据分析软件 SAS

（1）优点：系统权威，内容全面，是数据处理和统计分析的标准软件。

（2）缺点：系统庞大，编程复杂，购买费用较高。

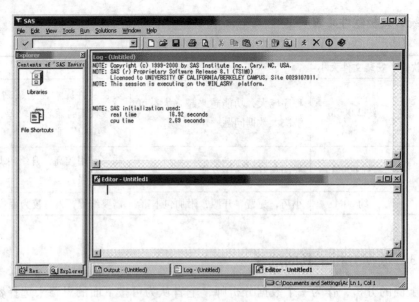

二、方便的数据分析软件 SPSS

（1）优点：操作方便，使用简单，是非统计人员的首选。

（2）缺点：内容不全，编程麻烦，购买费用较高。

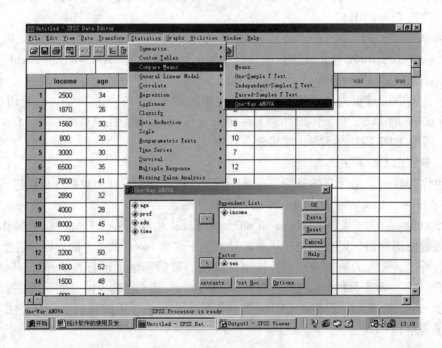

三、强大的数值分析软件 Matlab

（1）优点：编程方便，矩阵运算能力强大，是数值计算和图像处理的首选。

（2）缺点：统计方法不多，需一定的编程经验，购买费用较高。

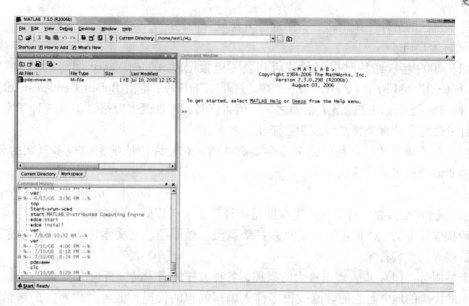

四、免费的数据分析软件 R 语言

（1）优点：自由软件，统计功能强大，是统计研究的首选。

（2）缺点：初学较为麻烦，需一定的编程经验。

那么我们为何选择用 R 语言来进行统计分析，而不是用传统的统计分析软件？主要原因是 R 语言是属于 GNU 系统的一个自由、免费、源代码开放的软件，是一个用于统计计算、数据分析和统计制图的优秀工具。它具有以下三个特点：

1. 功能强大

由于统计分析的重要性，早在 1977 年著名的贝尔实验室（Bell Laboratories）的一个开发小组就已经开始一个名为"S"的研究项目。从"S"被研究成功到导入市场成为畅销产品 S－PLUS，人们分析、显示和处理数据的方式和能力被彻底地改变了。而且 S－PLUS 和其他软件如 C 语言等高级计算机语言之间的交互性也非常友好。

而号称"S－PLUS 免费版"的 R，就是以 S－PLUS 作为开发蓝本的，从 R 诞生到现在，关于 R 与 S－PLUS 孰强孰弱的争论已经有很多。普遍来讲，有些功能在 S－PLUS 中能被更快、更好地执行是毫无疑问的，而有些功能只有在 R 中才能有更加精彩的表现。

2. 免费、开源

前面讲到 R 是一个免费软件，这种表述其实不是很确切，准确来讲，R 是一个开源软件。现在，开放源代码软件在科学和工程工作中的地位日益重要。R 的开源性，使得它自 20 世纪 90 年代被开发出来至今，一直处于发展状态，很多国家相继出现了关于讨论开发 R 的综合网站。关于 R 的各种新的附加模块一直层出不穷，大大方便了各类研究人员和院校师生。更因为其免费性，在美国、日本，很多大学教师都借助 R 来讲课，学生也借助 R 来处理各种数据。

从另外一个角度看，R 其实就像是 Linux 和 PHP 一样。在国外，很多大学生都是使用 Linux 系统，使用 PHP 编程。但国内盗版软件满天飞，不管正版还是盗版大家用的都是 Windows 系统，大多使用 ASP 写程序，一看工具便是清一色的 Microsoft 系列最新版。在不讨论法律的前提下，虽然盗版软件能够让人节省金钱，但实际上使用盗版软件就等于堵住了自己的另外一条出路，一条通往开源软件的路。

3. 前景广阔

（1）2009 年《纽约时报》科技版刊登了该报记者 Ashlee Vance 撰写的题为"Data Analysts Captivated by R's Power"的文章，这是 R 自 1996 年由 Robert Gentleman 和 Ross Ihaka 两位教授开发以来的最大新闻之一，值得庆贺。R 自诞生以来，深受统计学家和统计、计量爱好者的喜爱，已经成为主流软件之一。

（2）R 有重要的一点是怎么都不会被高估的，它允许统计学家做很多复杂的分析，而不需要懂得很多的计算机知识。

—— Google 统计学家 Daryl Pregibon

（3）让 R 变得如此有效并广受欢迎是统计学家、工程师、科学家能够精炼代码或编写各种特殊任务的包。R 包增添了很多高级算法、做图颜色、文本注释，并提供了与数据库链接等的挖掘技术。

金融服务部门对 R 表现出极大的兴趣，各种各样的衍生品分析包出现了。

R 最优美的地方是它能够修改很多前人编写的包的代码，做各种你所需的事情，实际你是站在巨人的肩膀上。

—— Google 首席经济学家 Hal Varian

（4）R 已经成为一个人从研究生院毕业后的第二门语言了，那里有各种各样的 code，而 SAS 留言板的人气存在一定比例的下降。

——辉瑞非临床统计副主任 Max Kuhn

1.3　数据统计分析语言 R 简介

1.3.1　什么是 R 语言

R 语言是一种为统计计算和图形显示而设计的语言环境，是由贝尔实验室的 Rick Becker 、John Chambers 和 Allan Wilks 开发的 S 语言的一种实现，提供了一系列统计和图形显示工具。S 语言也是目前比较流行的 S-PLUS 统计软件的基础。

R 语言的创始人是 Robert Gentleman 和 Ross Ihaka，由于这两位"R 之父"的名字都以 R 开头，所以就称之为 R 语言。

R 语言具有丰富的统计方法，大多数人使用 R 语言是因为其强大的统计功能。不过对 R 语言比较准确的认识是一个内部包含了许多经典的统计方法的语言环境。部分统计功能整合在 R 语言环境的底层，但是大多数统计功能则以包的形式提供。大约有 25 个包和 R 同时发布，这些包被称为标准包。如果想要得到更多的包，可以在 R 的中国镜像里寻找，镜像里除了有各种包以外，还提供了一些关于 R 使用的资料。大多数经典的统计方法和最新的技术都可以在 R 中直接得到，终端用户只要花点时间去寻找就可以了。

R 语言的统计分析过程常常被分解成一系列步骤，并且所有的中间结果都被保存在对象（object）中，以便使用 R 中的函数对其做进一步的分析。虽然 SAS、SPSS 和 Matlab 也提供了丰富的屏幕输出内容，但其中间结果很难在后续过程中被分析使用。

R 语言是一组数据操作、统计计算和图形绘制工具的整合包。相对于其他同类软件，其特色在于：

（1）有效的数据处理和保存机制。

（2）拥有一整套数组和矩阵的操作运算符。

（3）拥有一系列连贯又完整的数据分析中间工具。

（4）图形统计可以对数据直接进行分析和显示，可用于多种图形设备。

（5）R 语言是一种相当完善、简洁和高效的程序设计语言。它包括条件语句、循环语句、用户自定义的递归函数以及输入输出接口。

（6）R 语言是彻底面向对象的统计编程语言。

（7）R 语言和其他编程语言、数据库之间有很好的接口。

（8）R 语言是自由软件，可以放心大胆地使用，但其功能不比其他同类软件差。

（9）R 语言具有丰富的网上资源，更为重要的一点是 R 提供了非常丰富的程序包，除了推荐的标准包外还有很多志愿者贡献的包，可以直接利用这些包，大大提高工作效率。

1. R 语言下载（https://www.r-project.org/）

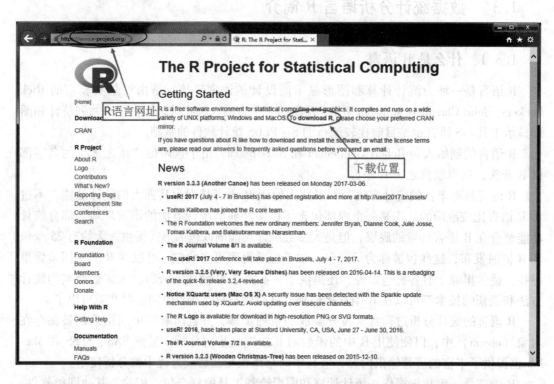

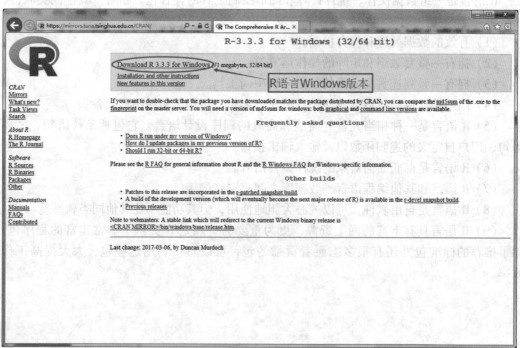

2. R 语言安装

点击下载 R – 3.3.3 – win. exe，并进入安装界面。

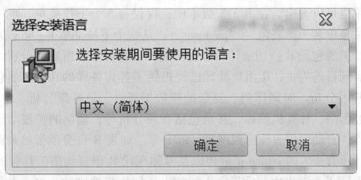

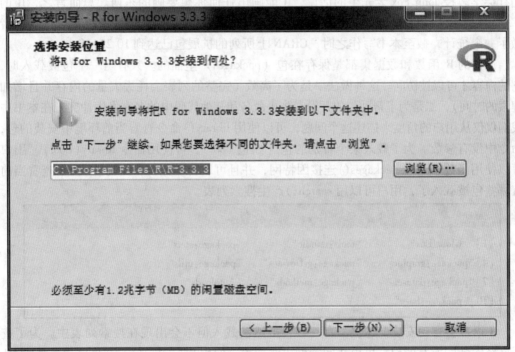

如果是第一次安装 R 语言，建议大家选择默认安装，即全部点击"下一步（N）>"按钮。

1.3.2 为什么要用 R 语言

随着计算机技术的迅速发展，用现代统计方法解决问题的深度和广度都有了很大的拓展，而统计软件正是我们应用统计方法不可或缺的工具。统计软件随着计算机技术和统计技术的发展不断推陈出新，其名目繁多，各具特色。随着全球对知识产权保护要求的不断提高，现在的开放源代码逐渐形成一种市场，R 语言正是在这个大背景下发展起来的。以 S 语言环境为基础的 R 语言由于其鲜明的特色，一出现就受到了统计专业人士的青睐，成为国外大学里应用相当广泛的一个统计软件。

R 语言最大的特点就是其包含有很大的扩展包及拥有方便的二次开发功能，这也是其成为最流行的数据分析软件的原因。那么 R 比起 SPSS、SAS 等商业统计软件究竟有什么优势呢？笔者认为，R 的优势除了其语言的灵活、高效以外，还在于它的开放性。这一点从它的菜单也可以看出。在 R 3.3 版本中，仅仅有 5 个下拉菜单，唯一与众不同的是其中一个下拉菜单名为扩展包（"package"）。从这个下拉菜单中，可以在线安装和升级各种扩展包。扩展包是 R 一切统计和分析功能的动力源泉，所有的分析都得通过调用扩展包来完成。到目前为止，R 用户社区已经提供了各式各样的功能扩展包，包括小样本概率估计、基因分析、时间序列、复杂抽样数据统计、贝叶斯分析、空间地理分析、数据挖掘、神经网络、计算机模拟，甚至包括音频分析等；辅助的扩展功能则包括诸如连接各类数据库，自动化报表输出到网页、PDF 等。如果 R 自身所带的画图工具还不能满足需求的话，还有强大的 lattice 扩展包以及号称现代 R 语言绘图工具包的 ggplot 2 包。用社会学教授 John Fox 老先生的话说，R 能画出任何你想要画的东西。总而言之，R 的扩展包包罗万象，它所能完成的数据统计模型已经超出了任何其他商业统计软件。笔者做了一个统计，截至本书写作之时，CRAN 上所列的扩展包已达到 10 224 个。

所有的 R 函数和数据集都是保存在包（packages）里面的。只有当一个包被载入时，它的内容才可以被访问。这种做法一是为了高效（完整的列表会耗去大量的内存并且增加搜索的时间），二是为了帮助包的开发者防止命名和其他代码中的名字发生冲突。在本书中我们仅仅从用户的角度来描述这个问题，可以使用 library()命令查看当前环境中安装的包，命令中没有参数。为了载入某个特别的包（如包 boot），可使用命令 library(boot)。用户可以使用函数 CRAN.packages()连接因特网，并且可以自动更新和安装包。为了查看当前有哪些包被载入了，用户可以用 search()产生搜索列表。

```
search()①

[ 1]". GlobalEnv"        "tools:rstudio"        "package:stats"
[ 4]"package:graphics"    "package:grDevices"    "package:utils"
[ 7]"package:datasets"    "package:methods"      "Autoloads"
[10]"package:base"
```

R 语言会自动安装上述包，有一些包虽然被载入但不会出现在搜索列表中。为了查看已经安装的所有的包，可以访问帮助主题列表，使用 help.start()。这将启动一个HTML 形式的帮助系统，然后通过 Reference 部分链接到所有包的列表。

值得注意的是，安装程序包和载入程序包是两个不同的概念，安装程序包是指将需要的程序包安装到 R 语言系统中，但此时包中的函数还不能用，还需将包载入 R 语言环境中，这些都可以在 R 语言界面的主菜单"程序包"中实现。

1. R 语言标准包

标准（基本）包是 R 源代码的一个重要构成部分，它们包括允许 R 工作的基本函数和当前文档中描述的数据集、标准统计和图形工具，在任何 R 的安装版本中，它们都会被自动获得。下面的标准包（见表 1 – 1）在安装 R 语言后会被自动装入：

---

① 为了跟 R 语言窗口或 RStudio 界面同步，本书采用窗口形式显示代码和结果，其中上半部分窗口为代码，下半部分窗口为输出结果，两者以虚线分割。

表 1－1　常用的 R 语言标准包

标准包	简单说明
base	基本 R 语言函数
datasets	基本 R 语言数据集
grDevices	基于 base 和 grid 图形的图形设备
graphics	基于 base 图形的 R 函数
grid	图形显示的兼容性，增加了一些交互支持
methods	R 对象的一般定义方法和类，增加一些编程工具
splines	回归样条函数和类
stats	R 语言的统计函数
stats4	使用 S4 类的 R 语言统计函数
tcltk	关于 Tcl/Tk GUI 元素的界面和语言连接函数
tools	包的开发和发布工具
utils	R 语言工具函数

2. R 语言捐献包

许多作者为 R 贡献了好几百个包。其中一些包实现了特定的统计方法，一些包给予数据和硬件的访问接口，其他则作为教科书的补充材料。一些包（推荐包）是和二进制形式的 R8 捆绑发布的。用户可以从 https://www.r-project.org/ 下载得到更多的包。

3. 自定义包

在使用 R 语言前，最好在本地建立一个目录，建好后所有数据、代码及计算结果都可保存在该目录下，操作方便。这里假如我们建立的目录是 D:\myR，然后下载函数包到本地目录中，如果我们将本书所有自编函数编译成一个 R 语言包 dstatR，读者可下载安装使用。

（1）安装包：

请到 Rstat. leanote. com 下载函数包 dstatR_2.0. zip，然后在 R 环境中执行下述命令：install. packages("D:/myR/ dstatR_2.0. zip")。

（2）调用包：library(dstatR)。

（3）使用函数：Ftab(X) ……

1.3.3　R 语言的优劣势

R 语言具有以下优势：

（1）作为一个免费的统计软件，它有 Unix、Linux、MacOS 和 Windows 版本，均可免费下载和使用。

（2）解决统计软件用于统计学教学和科研中存在的问题。国内目前缺乏适合开展统计分析教学科研的统计分析软件，由于 SAS、SPSS、S－PLUS 等统计软件没有版权，需要昂贵的价钱购买，更新很慢，并要大量的维护费用，许多内容与教科书设置不完全一致，学生和研究人员使用起来较麻烦。

（3）R是一套完整的数据处理、计算和绘图软件系统。其功能包括：数据存储和处理系统；数组运算工具（其向量、矩阵运算方面的功能尤其强大）；完整连贯的统计分析工具；优秀的统计制图功能；简便而强大的编程语言；可操纵数据的输入和输出；可实现分支、循环；用户可自定义功能。与其说R是一种统计软件，不如说R是一种统计计算的环境，因为R语言提供了大量的统计程序，用户只需指定数据库和若干参数便可进行统计分析。R的思想是：它可以提供一些集成的统计工具，但是它更大量提供各种统计计算的函数，从而使用户能灵活地进行数据分析，甚至创造出符合需要的新的统计计算方法。

（4）由于R语言具有强大的编程计算功能和丰富的附加包，进行科学研究极其方便，需要哪方面的统计分析，只要调用其相应的包即可。

R语言进行统计分析的劣势在于R语言的灵活性，同时也是一把双刃剑，即需要我们通过编程方式来进行统计分析。到目前为止R语言还缺少一个像 S – PLUS、SPSS 那样的菜单界面，这对那些不具编程经验和对统计方法掌握得不是很好的用户是一大挑战，也是妨碍其在一般人群中推广的一大障碍。但情况也在不断改变中，如 RStudio 和 Rcmdr 就是用于方便数据分析的R语言编程环境。

1.3.4 如何发挥R的优势

作为一个统计语言执行环境，与一般软件相比，R的外观很难被描述清楚。R既可以在系统后台执行企业级的复杂计算，也可以嵌入在一台 Web 服务器上进行网络数据分析，甚至有的用户将其嵌入到 Excel 中，用 R 高效、精确的计算结果取代 Excel 功能简单且经常出误差的数理统计插件。

尽管如此，标准的R安装程序还为单机用户提供了一个命令执行窗口，我们可以通过该窗口一斑窥豹。用户初次见到R命令窗口，第一个感觉可能就是：太简陋了！确实，除了简单的几个选择文件对话框和选项设置对话框以外，R不具备现代 Windows 系统下的程序该有的华丽外观和漂亮窗口。可以说，R仅比古老的 dos 多了一个没有多大用处的菜单。

而对于已经掌握了R语言并体会到其中乐趣的用户来说，RStudio 则能让这种乐趣上升到一个更高的境界。RStudio 提供了一个类似编程语言的快速开发环境，让用户编写R程序时能更加方便、高效，并且能随时对代码进行调试。在编写较多代码时，使用 RStudio 比 R 本身的命令窗口更加快捷。

除了以上这个工具以外，在R社区还有数十个和界面相关的开发项目正在进行，这一切都是为了让R更加容易使用，让更多的初学者能够更方便地学习它。

另外随着技术的进步，越来越多的带有菜单界面的R语言编辑器被开发出来，可将其归结为两大类：一类是程序类编辑器，如 SAS、Stata、Matlab 等；另一类是菜单类编辑器。

统计分析也需要通过编程方式来实现，并且需要记住大量的命令、函数。所以通常是以输入命令的方式进行（如 SAS 程序那样），R自带一个建立程序脚本的编辑器，要使该R编辑器和输出界面同步，在文件菜单中点击"新建程序脚本"，在R编辑器中输入下面命令并选择执行可得结果。然后重新布置窗口界面，使其可同时显示程序、结果和图形。调整窗体位置，以适应屏幕大小，这样就形成了类似 Matlab 和 SAS 的编程环境。

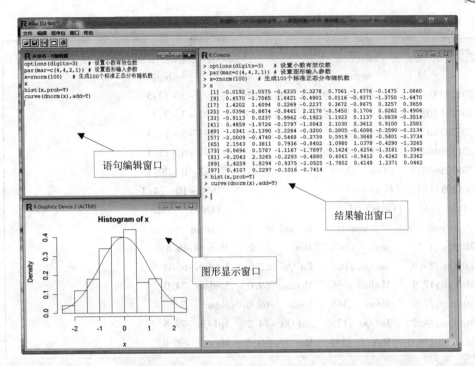

打开 R 语言后，在编程环境中可按下述步骤进行统计分析（在编程窗口选择要运行的语句按 Ctrl + R 执行之）。

下面是快速使用 R 语言的基本步骤（入门必备）。

1. 系统设置（强烈建议）

setwd("E:/DatastatR")	#设置当前工作目录
options(digits=4)	#结果输出位数
par(mar=c(4,4,2,1)+0.1,cex=0.8)	#图形修饰

2. 读取数据［本地读取：read. csv（'UGdata. csv'）］

UG = read.csv('UGdata.csv')	#读取数据
UG	#直接输入对象名可显示对象的内容

	id	name	sex	region	birth	income	height	weight	score
1	201205A01	赵**	女	东部	1992 – 4 – 8	16.6	164	66	64.1
2	201205A02	高**	男	西部	1993 – 5 – 12	20.6	162	65	71.2
3	201205A03	朱**	男	中部	1995 – 7 – 18	4.1	186	87	90.2
4	201205A04	许**	女	中部	1995 – 1 – 8	78.8	165	67	74.9
5	201205A05	陈**	男	西部	1992 – 3 – 7	3.8	165	69	75.6
6	201205A06	吴**	男	东部	1995 – 11 – 27	14.8	187	89	92.1
7	201205A07	杨**	女	中部	1997 – 12 – 29	30.8	172	69	79.7
8	201205A08	宋**	男	西部	1995 – 8 – 20	35.5	151	57	58.4
9	201205A09	宋**	女	中部	1995 – 8 – 19	33.3	157	62	65.6
⋮									

3. 统计分析

```
summary(UG)                    #计算基本统计量
```

id	name	sex	region	birth
201205A01:1	高 ** :8	男:25	东部:16	1993 - 5 - 12:5
201205A02:1	孙 ** :5	女:23	西部:17	1992 - 3 - 7:3
201205A03:1	宋 ** :4		中部:15	1993 - 5 - 11:3
201205A04:1	杨 ** :4			1994 - 6 - 15:3
201205A05:1	唐 ** :3			1995 - 8 - 20:3
201205A06:1	吴 ** :3			1996 - 10 - 24:3
(Other):42	(Other):21			(Other) :28

income	height	weight	score
Min. :1. 1	Min. :147	Min. :45. 0	Min. :46. 8
1st Qu. :13. 9	1st Qu. :162	1st Qu. :62. 0	1st Qu. :66. 0
Median :17. 9	Median :166	Median :69. 0	Median :74. 0
Mean :27. 9	Mean :168	Mean :69. 0	Mean :73. 2
3rd Qu. :34. 2	3rd Qu. :175	3rd Qu. :74. 2	3rd Qu. :79. 6
Max. :158. 0	Max. :191	Max. :91. 0	Max. :96. 0

```
t.test(height~sex, data=UG)              #均值检验
```

Welch Two Sample t−test

data： height by sex

t=1. 76, df=38. 92, p − value=0. 08628

alternative hypothesis：true difference in means is not equal to 0

95 percent confidence interval：

 − 0. 7456 10. 7282

sample estimates：

mean in group 男 mean in group 女

　　170. 6　　　　　165. 6

```
fm= lm(weight~height, data=UG) ; fm      #模型建立
```

Call：

lm(formula=weight~height, data=UG)

Coefficients：

(Intercept)　　　　height

 − 70. 981　　　　0. 832

```
summary(fm)                              #模型检验
```

Call：lm(formula = weight~height, data=UG)

Residuals：

Min	1Q	Median	3Q	Max
−11.609	−2.831	0.127	2.471	12.215

Coefficients：

	Estimate	Std. Error	t value	Pr(>|t|)
(Intercept)	−70.981	10.947	−6.48	5.4e−08 ***
height	0.832	0.065	12.81	<2e−16 ***

– – –

Signif. codes：0 ‘ *** ’ 0.001 ‘ ** ’ 0.01 ‘ * ’ 0.05 ‘ . ’ 0.1 ‘ ’ 1

Residual standard error：4.56 on 46 degrees of freedom
Multiple R−squared：0.781,　　Adjusted R−squared：0.776
F−statistic：164 on 1 and 46 DF,　p−value：<2e−16

```
plot(weight~height,data=UG)        #散点图
abline(fm)                         #回归线
```

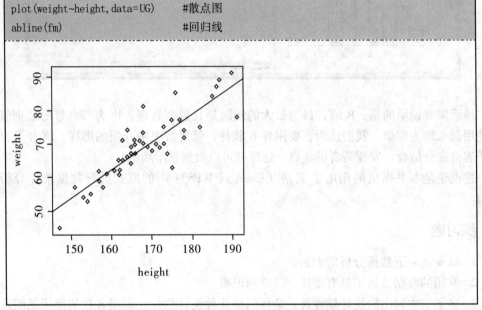

　　需要指出的是，目前 R 语言中最好的这类编辑器是 RStudio，本书的程序都是在该平台上进行的。其在 https://www.rstudio.com/就可以免费下载，还支持多平台使用，在 Windows、Linux、MacOS 都能很好地运用。当然，它不仅是跨平台的，还有其他许许多多的优点，关于 RStudio 的详细介绍见本书附录。下面就是我们调整后的 RStudio 界面。实际上跟 R 本身的编辑器差别不是很大，但其使用更方便。

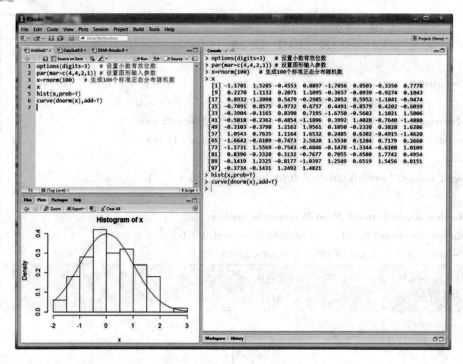

最后需要说明的是，R 语言目前最大的问题是其数据管理，因为其自带的数据管理器使用起来较为麻烦。我们认为，要用好 R 软件，就要按书中介绍的那样，将 R 语言与电子表格充分结合，发挥两者的优点，这样就可以做到事半功倍。

这也正是本书提出的用电子表格（Excel 或 WPS)+ R 的模式进行数据统计分析的原因。

练习题

1. 试阐述一下数据分析的未来。

2. 常用的数据分析工具有哪些，请举例说明。

3. 除了书中列出的统计软件外，请再列举几种统计软件，说明各自的使用范围及优缺点。

4. 试对 SAS 和 SPSS 两个统计分析软件进行评价。

5. 试对 R 和 Python 两个数值分析软件进行评价。

6. 试从数据分析角度说明为何要用 R 语言。请指出 R 语言的优缺点，并说明如何发挥 R 语言的优势。

2 数据收集过程

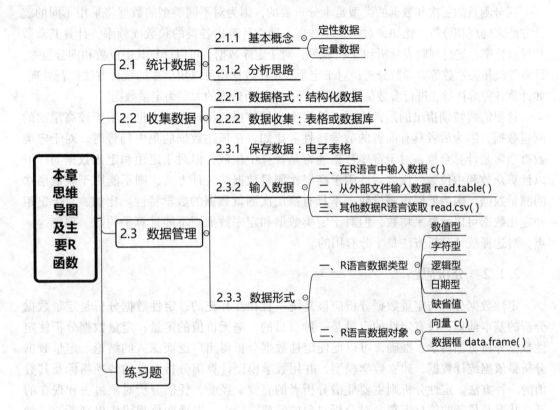

2.1 统计数据

2.1.1 基本概念

统计数据是采用某种计量尺度对事物进行计量的结果，采用不同的计量尺度会得到不同类型的统计数据。可以将统计数据分为以下四种类型：

（1）定类数据：表现为类别，但不区分顺序，是由分类尺度计量形成的。即将观察单位按属性或类别分组，清点各组的观察单位数。例如，性别数、班级数、产品按合格与不合格品计数等。

（2）定序数据：表现为类别，但有顺序，是由定序尺度计量形成的。例如产品按一等品、二等品、三等品计数等。

（3）定距数据：表现为数值，可进行加、减运算，是由定距尺度计量形成的。例如，身高（厘米）、体重（千克）、收入（元）、支出（元）等。

（4）定比数据：表现为数值，可进行加、减、乘、除运算，是由定比尺度计量形成的。

前两类数据说明的是事物的品质特征，不能用数值表示，其结果均表现为类别，也称为定性数据或品质数据（Qualitative data）；后两类数据说明的是现象的数量特征，能够用数值来表现，由于定距尺度和定比尺度属于同一测度层次，所以可以把这两类数据看作是同一类数据，统称为定量数据或数量数据（Quantitative data）。

区分测量的层次和数据的类型是十分重要的，因为对不同类型的数据将采用不同的统计方法来处理和分析。比如，对于定类数据，通常计算出各类的频数或频率，计算其众数和异众比率，进行列联表分析和 χ^2 检验等；对于定序数据，可以计算其中位数和四分位差，计算等级相关系数等非参数分析；对于定距或定比数据还可以用更多的统计方法进行处理，如计算各种统计量、进行参数估计和检验等。我们所处理的大多为定量数据。

这里需要特别指出的是，适用于低层次测量数据的统计方法，也适用于较高层次的测量数据，因为后者具有前者的数学特性。比如，在描述数据的集中趋势时，对于定类数据通常是计算众数，对于定序数据通常是计算中位数，但对于定距和定比数据同样可以计算众数和中位数。反之，适用于高层次测量数据的统计方法，则不能用于较低层次的测量数据，因为低层次测量数据不具有高层次测量数据的数学特性。比如，对于定距和定比数据可以计算平均数，但对于定类数据和定序数据则不能计算平均数。理解这一点，对选择统计分析方法是十分有用的。

2.1.2 分析思路

定性数据分析与定量数据分析应该是统一且相互补充的；定性数据分析是定量数据分析的基本前提，没有定性的定量是一种盲目的、毫无价值的定量；定量数据分析使定性数据分析更加科学、准确，可以促使定性数据分析得出广泛而深入的结论。定量数据分析是依据统计数据，建立数学模型，并用数学模型计算出分析对象的各项指标及其数值的一种方法。定性分析则主要凭借分析者的直觉、经验，凭借分析对象过去和现在的延续状况及最新的信息资料，对分析对象的性质、特点、发展变化规律作出判断的一种方法。相比而言，前一种方法更加科学，但需要较高深的数学知识，而后一种方法虽然较为粗糙，但在数据资料不够充分或分析者数学基础较为薄弱时比较适用，更适合于一般的投资者与经济工作者。但是必须指出，两种分析方法对数学知识的要求虽然有高有低，但并不能就此把定性分析与定量分析截然划分开来。事实上，现代定性分析方法同样要采用数学工具进行计算，而定量分析则必须建立在定性预测的基础上，二者相辅相成，定性是定量的依据，定量是定性的具体化，二者结合起来灵活运用才能取得最佳效果。不同的分析方法各有其不同的特点与性能，但是它们有一个共同特点，即它们一般是通过比较、对照来分析问题和说明问题的。正是通过对各种指标的比较或不同时期同一指标的对照才反映出数量的多少、质量的优劣、效率的高低、消耗的大小、发展速度的快慢等，才能为鉴别和判断提供确凿有据的信息。

2.2 收集数据

2.2.1 数据格式

数据集有一定的格式，当对每一观察单位测量了多个指标时，通常以双向表的形式展现，如下所示：

id	X_1	X_2	$\cdots$	X_m
1	x_{11}	x_{12}	$\cdots$	x_{1m}
2	x_{21}	x_{22}	$\cdots$	x_{2m}
$\vdots$	$\vdots$	$\vdots$	$\vdots$	$\vdots$
$\vdots$	$\vdots$	$\vdots$	$\vdots$	$\vdots$
$\vdots$	$\vdots$	$\vdots$	$\vdots$	$\vdots$
n	x_{n1}	x_{n2}	$\cdots$	x_{nm}

不同领域对该数据的观察单位和指标的叫法不同：数学上称它们为行（row）和列（column）的数组或矩阵，统计学上称它们为观测（observation）和变量（variable）的数据集，数据库中称它们为记录（record）和字段（field）的数据表，人工智能中称它们为示例（example）和属性（attribute）的数据集。

2.2.2 数据收集

为了使大家将注意力集中在如何进行数据分析，而不是将精力花在对数据的收集和理解上，本书采用一种新的数据分析策略，即用一组数据贯穿全书来讲解如何进行数据的统计分析。

由于学生们对自己的信息比较了解，我们就从这些信息出发，收集某大学统计学系学生的一些个人信息进行数据统计分析。

某大学统计学系 2012 级共招本科生 48 名，今记录这些学生的学号（id）、性别（sex）、来源地（region）、出生日期（birth）、家庭收入（income，万元）、身高（height，厘米）、体重（weight，千克）、平均成绩（score，分），于是就构成了表 2-1 的数据库。

因为 R 语言是编程语言，使用中文变量名不太方便，所以在定义建立变量名称时尽量使用英文或拼音变量名。

表 2-1　48 名学生的个人基本信息数据*

id	name	sex	region	birth	income	height	weight	score
201205A01	赵**	女	东部	1992-4-8	16.6	164	66	64.1
201205A02	高**	男	西部	1993-5-12	20.6	162	65	71.2
201205A03	朱**	男	中部	1995-7-18	4.1	186	87	90.2
201205A04	许**	女	中部	1995-1-8	78.8	165	67	74.9
201205A05	陈**	男	西部	1992-3-7	3.8	165	69	75.6
201205A06	吴**	男	东部	1995-11-27	14.8	187	89	92.1
201205A07	杨**	女	中部	1997-12-29	30.8	172	69	79.7
201205A08	宋**	男	西部	1995-8-20	35.5	151	57	58.4
201205A09	宋**	女	中部	1995-8-19	33.3	157	62	65.6

（续上表）

id	name	sex	region	birth	income	height	weight	score
201205A10	李**	男	中部	1991 – 1 – 2	15.4	166	71	65.5
201205A11	赵**	男	中部	1992 – 3 – 7	73	174	67	89.1
201205A12	张**	女	中部	1992 – 3 – 6	28.3	173	70	75.4
201205A13	孙**	男	西部	1995 – 9 – 21	5.5	168	73	78.9
201205A14	高**	女	中部	1993 – 5 – 12	2.9	165	64	75.4
201205A15	周**	女	东部	1996 – 10 – 24	58.3	164	74	64.2
201205A16	唐**	男	西部	1994 – 6 – 15	16.3	171	70	96
201205A17	孙**	男	东部	1996 – 9 – 22	24.8	175	77	77.1
201205A18	杨**	女	东部	1997 – 12 – 30	4.1	155	55	46.8
201205A19	高**	男	东部	1993 – 5 – 12	46.4	177	77	79.6
201205A20	周**	男	西部	1996 – 10 – 24	2.9	159	61	68.2
201205A21	杨**	男	西部	1995 – 9 – 10	42.1	153	54	60.9
201205A22	赵**	男	西部	1992 – 3 – 7	37	162	62	71.3
201205A23	宋**	女	中部	1995 – 8 – 20	21.4	154	53	61.4
201205A24	王**	男	西部	1991 – 3 – 4	1.1	157	59	65
201205A25	刘**	女	中部	1992 – 4 – 9	34.7	158	57	66.3
201205A26	高**	男	西部	1993 – 5 – 12	16.1	147	45	53.3
201205A27	李**	女	中部	1991 – 1 – 1	17.5	162	61	84.3
201205A28	高**	女	中部	1993 – 5 – 12	3.3	166	70	75.9
201205A29	吴**	女	东部	1997 – 11 – 27	18.2	159	61	57
201205A30	高**	女	东部	1993 – 5 – 11	34	176	85	86.4
201205A31	唐**	男	西部	1994 – 6 – 15	3.7	178	74	79.2
201205A32	朱**	男	西部	1995 – 8 – 18	15.3	161	62	70.4
201205A33	唐**	男	西部	1994 – 6 – 15	25.3	173	75	85
201205A34	张**	女	西部	1992 – 3 – 6	16.2	163	71	84.8
201205A35	丁**	女	东部	1996 – 10 – 25	4.9	168	81	81.1
201205A36	孙**	男	中部	1995 – 9 – 21	13.9	177	77	79.5
201205A37	周**	女	西部	1996 – 10 – 24	11.2	170	68	80.8
201205A38	王**	女	东部	1995 – 12 – 4	24.1	169	69	70.2
201205A39	孙**	女	东部	1996 – 9 – 22	57.9	167	71	67.2
201205A40	魏**	女	东部	1993 – 5 – 13	44.3	166	67	66.3
201205A41	丁**	女	东部	1996 – 10 – 25	22.4	163	65	62.5
201205A42	宋**	男	中部	1995 – 8 – 20	16.1	178	72	68.4

（续上表）

id	name	sex	region	birth	income	height	weight	score
201205A43	吴**	男	中部	1995 – 11 – 27	105.9	190	91	66.2
201205A44	高**	女	西部	1993 – 5 – 11	31.4	185	84	86.4
201205A45	高**	男	东部	1993 – 5 – 11	13.8	175	63	75.3
201205A46	杨**	男	东部	1996 – 12 – 29	158	182	75	69.3
201205A47	魏**	男	东部	1994 – 6 – 14	17.2	191	78	73.1
201205A48	孙**	女	西部	1995 – 9 – 22	14.2	168	70	78.7

*：可在网上 http：//202.116.1.177/Rstat 显示或 Rstat. leanote. com 上下载数据。

　　数据就是由一些变量和它们的观测值所组成。本例中共有 9 个变量：学号（定性变量：用字母和数字组成）、姓名（定性变量）、性别（定性变量：取值为男、女两种）、来源地（定性变量：有东部、中部、西部三种）、出生日期（定量变量：为日期类型），以及家庭收入、身高、体重和平均成绩（全为定量变量）等。可以看出这些变量有定性（属性）变量（4 个），也有定量（数值）变量（5 个）。按照这些数据的格式，每一列为一个变量的不同观测值；而每一行则称为一个观测单位（又称"样品"），它是由定量值和定性值组成的向量，每一个值对应一个变量。

2.3　数据管理

　　数据管理是指对数据的组织、编目、定位、存储、检索和维护等，它是数据处理的关键。

2.3.1　保存数据

　　正如前面所说，目前从数据管理和编辑便利性来看，最好的数据管理软件应该是电子表格类软件（如微软 Microsoft Office 的 Excel，金山 WPS Office 的电子表格等），大量的数据可以在一个工作簿中保存，所以对数量不是非常大的数据集，我们建议采用该方法来管理和编辑数据。下图是保存表 2 – 1 学生信息数据的电子表格的工作表（文件名为 UGdata. xlsx）。

可以看出，WPS 的电子表格和微软的 Excel 无论是从数据表现形式还是界面安排，都已经没多大差别了，且基本功能的操作也没什么差别，所以考虑版权问题，我们建议采用 WPS 的电子表格，如果你已安装有正版的微软的 Excel，那么 Excel 将是最佳选择。

2.3.2 输入数据

由于本书主要讲解如何应用 R 语言进行数据分析，所以在此我们重点介绍如何将收集到的数据读入 R 语言中进行各种统计分析。下面介绍三种简单的读入数据方法，每种方法都有自己的优势，至于哪种方法最好则要根据实际的数据情况来决定。

一、在 R 语言中输入数据

如果你的数据较少，最简单、最直观的方法就是在 R 语言中直接输入数据，如我们要分析 9 个学生的身高信息，那可用向量函数 c 命令直接输入（关于向量的使用见 2.3.3）。

```
X=c(164,162,186,165,165,187,169,151,157)
X    #①R语言是用变量名来显示数据的
[1]164 162 186 165 165 187 169 151 157
```

① R 语言中用#表示注释，即其后面的命令将不执行。

二、从外部文件输入数据

大的数据对象一般不是在 R 中直接键入的，通常需要从外部输入数据。外部的数据源很多，可以是电子表格、数据库、文本文件等形式。R 的导入工具非常简单，但是对导入文件有比较严格的限制。

1. 从剪切板读取

前面我们讲到，电子表格是目前数据管理和编辑最为方便的软件，所以我们可以考虑用电子表格管理数据，用 R 分析数据，电子表格与 R 语言之间的数据交换（适用于全书）非常简单：在 R 语言中，可用函数 read. table("clipboard",header=T)读取电子表格中的数据，其中，clipboard 为剪切板（即先将电子表格数据复制到剪贴板上），header = T 选项用来指定第一行是标题行。

```
UG=read.table("clipboard",header=T)          #选取 UGdata 表单的 A1:I49
UG
```

	id	name	sex	region	birth	income	height	weight	score
1	201205A01	赵**	女	东部	1992 – 4 – 8	16.6	164	66	64.1
2	201205A02	高**	男	西部	1993 – 5 – 12	20.6	162	65	71.2
3	201205A03	朱**	男	中部	1995 – 7 – 18	4.1	186	87	90.2
4	201205A04	许**	女	中部	1995 – 1 – 8	78.8	165	67	74.9
5	201205A05	陈**	男	西部	1992 – 3 – 7	3.8	165	69	75.6
6	201205A06	吴**	男	东部	1995 – 11 – 27	14.8	187	89	92.1
⋮									

这里 UG 为读入 R 中的数据框名（关于数据框的使用见 2.3.3）。

2. 从文本文件读取

读入文本数据的命令是 read. table，但它对外部文件常常有特定的格式要求：第一行可以有该数据框的各变量名，随后的行中条目是各个变量的值（一个被看作数据集读入的文件格式应是这样的）。例如将前面的学生数据 UGdata. xlsx 另存为文本文件 UGda-ta. txt，然后读入 R 语言中，可用函数 read. table(filenames,header=T)，其中，header=T 选项用来指定第一行是标题行，并且因此省略文件中给定的行标签。

```
UG=read.table("UGdata.txt",header=T)
UG
```

	id	name	sex	region	birth	income	height	weight	score
1	201205A01	赵**	女	东部	1992 – 4 – 8	16.6	164	66	64.1
2	201205A02	高**	男	西部	1993 – 5 – 12	20.6	162	65	71.2
3	201205A03	朱**	男	中部	1995 – 7 – 18	4.1	186	87	90.2
4	201205A04	许**	女	中部	1995 – 1 – 8	78.8	165	67	74.9
5	201205A05	陈**	男	西部	1992 – 3 – 7	3.8	165	69	75.6
6	201205A06	吴**	男	东部	1995 – 11 – 27	14.8	187	89	92.1
⋮									

3. 直接读取电子表格数据

虽然 R 语言可以直接读取电子表格数据，但最好是一次只读电子表格工作簿的一个表格（例如我们在电子表格中将数据 UGdata. xlsx 另存为 UGdata. csv，这时 UGdata. csv 本质上也是文本文件，可用记事本打开，也可以用电子表格软件打开，是最好、最通用的数据格式，推荐使用），其命令也最为简单。

```
UG=read.csv("UGdata.csv")
UG
```

	id	name	sex	region	birth	income	height	weight	score
1	201205A01	赵**	女	东部	1992 – 4 – 8	16.6	164	66	64.1
2	201205A02	高**	男	西部	1993 – 5 – 12	20.6	162	65	71.2
3	201205A03	朱**	男	中部	1995 – 7 – 18	4.1	186	87	90.2
4	201205A04	许**	女	中部	1995 – 1 – 8	78.8	165	67	74.9
5	201205A05	陈**	男	西部	1992 – 3 – 7	3.8	165	69	75.6
6	201205A06	吴**	男	东部	1995 – 11 – 27	14.8	187	89	92.1
⋮									

三、其他数据 R 语言读取

1. 从网络读入数据

R 语言有个函数 url 可以从网页上读入正确格式的数据，例如已将本书所用的大学生个人信息数据放到网上 http：//202.116.1.177/Rstat/UGdata.csv，那么，只要你的网络已开通，用 R 语言读取就非常简单。

```
UG=read.table('http://202.116.1.177/Rstat/UGdata.csv')
UG
```

	id	name	sex	region	birth	income	height	weight	score
1	201205A01	赵**	女	东部	1992 – 4 – 8	16.6	164	66	64.1
2	201205A02	高**	男	西部	1993 – 5 – 12	20.6	162	65	71.2
3	201205A03	朱**	男	中部	1995 – 7 – 18	4.1	186	87	90.2
4	201205A04	许**	女	中部	1995 – 1 – 8	78.8	165	67	74.9
5	201205A05	陈**	男	西部	1992 – 3 – 7	3.8	165	69	75.6
6	201205A06	吴**	男	东部	1995 – 11 – 27	14.8	187	89	92.1
⋮									

2. 读取其他统计软件的数据

要读入其他格式的数据库，必须先调用 foreign 包。调入方法很简便，只需键入命令：library(foreign)即可。

（1）SAS 数据库：

对于 SAS，R 只能读入 SAS Transport format(XPORT)文件。所以，需要把普通的 SAS 数据文件(.ssd 和 .sas7bdat)转换为 Transport format(XPORT)文件，再用命令：read. xport("SAS 数据文件名")。

（2）SPSS 数据库：

read. spss("SPSS 数据文件名")可读入 SPSS 数据文件。

关于这些函数的详细使用方法，参见 R 语言使用手册。

数据库中的数据管理和读取相对比较麻烦，我们将其放在后面章节做介绍。

2.3.3 数据形式

一、R 语言数据类型

R 语言的对象包括数值型、字符型、逻辑型、日期型等，此外也可能是缺省值。

1. 数值型（numeric）

这种数据的形式是实数。可以写成整数、小数或是科学记数的形式。数值型实际上是两种独立模式的混合说法，即整数型（integer）和双精度型（double）。该种类型数据默认是双精度数据。

2. 字符型（character）

这种数据的形式是夹在双引号" "或单引号' '之间的字符串。如"男""东部"等。

3. 逻辑型（logical）

这种数据只能取 T（TRUE）或 F（FALSE）。

4. 日期型（date）

这种类型的数据比较特殊，有专用方法，详见 8.1.4 节。

5. 缺省值（missing value）

有些统计资料是不完整的。当一个元素或值在统计的时候是"不可得到"（not avail-able）或"缺失值"（missing value），相关位置可能会被保留并且赋予一个特定的 NA（not available）。任何 NA 的运算结果都是 NA。

二、R 语言数据对象

R 语言里的数据对象主要有六种形式：向量（vector）、因子（factor）、矩阵（matrix）、数组（array）、数据框（data frame）、列表（list）。下面我们主要基于向量和数据框进行统计分析，其他数据对象的详细介绍见 8.1.2。

1. 向量

R 语言是在指定的数据结构上起作用的，最简单的结构就是由一系列数值构成的数值向量。向量是由有相同基本类型元素组成的序列，相当于一维数组。假设要创建一个含有由九个数值组成的向量 x，这九个值分别是 1，3，5，7，9，2，4，6，8。R 中创建向量的函数是 c()。$x<-c(1,3,5,7,9,2,4,6,8)$，这是一个用函数 c() 完成的赋值语句。函数 c() 可以有任意多个参数，而它的值则是一个把这些参数首尾相连形成的一个向量。

R 的赋值符号除了"<-"外，还有"->""="，在 R 比较旧的版本里只能使用"<-"和"->"。在不引起混淆的情况下，笔者建议用"="，虽然绝大多数书籍还是沿用"<-"。例如：

```
x=c(1,3,5,7,9,2,4,6,8);x
[1]1 3 5 7 9 2 4 6 8
```

R 语言中最简单和常用的向量就是正则序列，用":"符号就可以产生有规律的正则序列，如：

```
i=1:9;i
[1]1 2 3 4 5 6 7 8 9
j=9:1;j
[1]9 8 7 6 5 4 3 2 1
```

这里 9:1 表示 1:9 的逆向序列。

此外,还可以用函数 seq() 产生有规律的各种序列,其句法是:seq(from,to,by),from 表示序列的起始值,to 表示序列的终止值,by 表示步长。例如:

seq(1,10,2)
[1]1　3　5　7　9
seq(1,10)
[1]1　2　3　4　5　6　7　8　9　10

by 参数被省略时,默认步长为 1。这等价于 1:10,函数 seq() 也可以产生降序数。例如:

seq(10,1,-1)
[1]10　9　8　7　6　5　4　3　2　1

有时候我们注重的是数列的长度,这时我们可以利用句法:

seq(0.5,9.5,length=20)
[1]　0.5000　0.9737　1.4474　1.9211　2.3947　2.8684　3.3421　3.8158　4.2895　4.7632
[11]　5.2368　5.7105　6.1842　6.6579　7.1316　7.6053　8.0789　8.5526　9.0263　9.5000

2. 数据框

数据框是一种矩阵形式的数据,但数据框中各列可以是不同类型的数据。数据框每列是一个变量(向量),每行是一个观测值。数据框可以看成是矩阵的扩展,也可以看作是一种特殊的列表对象。数据框是 R 语言特有的数据类型,也是进行统计分析最为有用的数据类型。

class(UG)	#查看数据 UG 的类型
[1]"data.frame"	#UG 是一个数据框 data.frame

R 语言中用函数 data.frame 生成数据框,句法是:data.frame(data1,data2,...)。例如用下面的命令将对上面产生的三个向量 x, i, j 形成一个简单的数据框 df。

df=data.frame(x,i,j);df
x i j
1 1 1 9
2 3 2 8
3 5 3 7
4 7 4 6
5 9 5 5
6 2 6 4
7 4 7 3
8 6 8 2
9 8 9 1

下面的命令是从数据框 UG 生成一个包含性别、身高和体重的新的数据框 UG1,其变量名为 g, x, y。

```
UG1=data.frame(g=UG$sex, x=UG$height, y=UG$weight)
head(UG1)    #当数据较多时,可用 head 显示数据集的前 6 行,等价于 UG[1:6,]
```

```
  g   x   y
1 女 164  66
2 男 162  65
3 男 186  87
4 女 165  67
5 男 165  69
6 男 187  89
```

由于 UG 本身是一个数据框,因此也可以用选择变量名来形成新的数据框。

```
UG2=UG[,c('sex','height','weight')]   #显示数据框 UG 中的 sex,height,weight 三列数据
head(UG2)
```

```
  sex  height  weight
1  女    164     66
2  男    162     65
3  男    186     87
4  女    165     67
5  男    165     69
6  男    187     89
```

也可以直接在 UG 数据集上构建数据集子集, 下面是由前 5 列变量构成的数据集, 因为数据框是矩阵的扩展, 所以矩阵的选择可直接用于数据框, 如 [1:6,1:5] 表示取 1 到 6 行和 1 到 5 列的数据, 关于数据框的详细操作见 3.2 节。

```
UG3=UG[1:6,1:5]; UG3
```

```
        id       name   sex   region   birth
1 201205A01   赵**     女    东部      1992 - 4 - 8
2 201205A02   高**     男    西部      1993 - 5 - 12
3 201205A03   朱**     男    中部      1995 - 7 - 18
4 201205A04   许**     女    中部      1995 - 1 - 8
5 201205A05   陈**     男    西部      1992 - 3 - 7
6 201205A06   吴**     男    东部      1995 - 11 - 27
```

练习题

1. 某企业对财务部门 20 人是否抽烟进行调查, 结果为: 否, 否, 否, 是, 是, 否, 否, 是, 否, 是, 否, 否, 是, 是, 否, 否, 是, 是。请用 c( ) 函数录入该数据到 R 语言中。

2. 某企业财务部 20 位员工 (习题 1 中的 20 人) 的月工资 (单位: 元) 数据如下: 2 050, 2 100, 2 200, 2 300, 2 350, 2 450, 2 500, 2 700, 2 900, 2 850, 3 500, 3 800, 2 600, 3 000, 3 300, 3 200, 4 000, 3 100, 4 200, 3 500。

（1）请用 c( ) 函数录入该数据到 R 语言中。

（2）请将习题 1 中员工的抽烟情况和该题的员工工资数据形成一个数据框。

3. 从某大学统计系的学生中随机抽取 24 人，对其数学和统计学的考试成绩进行调查，如表 2 - 2 所示。

（1）请将这组数据保存为 txt 和 csv 格式文档。

（2）请在电子表格中分别对性别、数学和统计学成绩排序。

（3）请分别用 R 语言 read. table 和 read. csv 函数读取数据。

表 2 - 2　部分学生的性别及数学和统计学成绩

编号	性别	数学	统计学	编号	性别	数学	统计学
201501	M	81	72	201513	F	83	78
201502	F	90	90	201514	F	81	94
201503	F	91	96	201515	M	77	73
201504	M	74	68	201516	M	60	66
201505	F	70	82	201517	F	66	58
201506	F	53	68	201518	M	84	87
201507	M	88	89	201519	F	80	86
201508	M	78	82	201520	F	85	84
201509	M	95	96	201521	M	70	82
201510	F	63	75	201522	M	54	56
201511	F	85	86	201523	F	93	98
201512	M	60	71	201524	M	68	76

4. 今收集我国财政 1978—2008 年共 31 年的相关数据，分别是财政收入（y，百亿元）、国民生产总值（$x1$，百亿元）、税收（$x2$，百亿元）、进出口贸易总额（$x3$，百亿元）、经济活动人口（$x4$，百万人），数据如表 2 - 3 所示。

表 2 - 3　财政收入多因素分析数据

t	y	$x1$	$x2$	$x3$	$x4$
1978	11. 326 2	36. 241	5. 192 8	3. 550	406. 82
1979	11. 463 8	40. 382	5. 378 2	4. 120	415. 92
1980	11. 599 3	45. 178	5. 717 0	5. 700	429. 03
1981	11. 757 9	48. 603	6. 298 9	8. 904	441. 65
1982	12. 123 3	53. 018	7. 000 2	12. 801	456. 74
1983	18. 669 5	59. 574	7. 555 9	15. 903	467. 07

（续上表）

t	y	x1	x2	x3	x4
1984	16.428 6	72.067	9.473 5	18.202	484.33
1985	20.048 2	89.891	20.407 9	20.667	501.12
1986	21.220 1	102.014	20.907 3	26.019	515.46
1987	21.993 5	119.545	21.403 6	32.202	530.60
1988	23.572 4	149.223	23.904 7	41.600	546.30
1989	26.649 0	169.178	27.274	49.802	557.07
1990	29.371 0	185.984	28.218 7	55.601	653.23
1991	31.494 8	216.625	29.901 7	72.258	660.91
1992	34.833 7	266.519	32.969 1	91.196	667.82
1993	43.489 5	345.605	42.553 0	112.710	674.68
1994	52.181 0	466.700	51.268 8	203.819	681.35
1995	62.422 0	574.949	60.380 4	234.999	688.55
1996	74.079 9	668.505	69.098 2	241.338	697.65
1997	86.511 4	731.427	82.340 4	269.672	708.00
1998	98.759 5	769.672	92.628 0	268.577	720.87
1999	114.440 8	805.794	106.825 8	298.963	727.91
2000	133.952 3	882.281	125.815 1	392.742	739.92
2001	163.860 4	943.464	153.013 8	421.933	744.32
2002	189.036 4	1 203.327	176.364 5	513.782	753.60
2003	217.152 5	1 358.228	200.173 1	704.835	760.75
2004	263.964 7	1 598.783	241.656 8	955.391	768.23
2005	316.492 9	1 832.174	287.785 4	1 169.218	778.77
2006	387.602 0	2 119.235	348.043 5	1 409.714	782.44
2007	513.217 8	2 495.299	456.219 7	1 667.402	786.45
2008	613.303 5	3 006.700	542.196 2	1 778.898 3	790.48

（1）试将这组数据输入电子表格中。

（2）分别用 R 语言 read.table 和 read.csv 函数读取数据。

（3）试用 R 函数获取 1978—1992 年的五项数据和 1993—2008 年的国民生产总值和经济活动人口数据。

5. 将上述 4 组数据统一放入一个 Excel 或 WPS 的电子表格中，每个 sheet 放一组，并给文档命名为 dstatR2.xlsx 以备后用。

3 数据处理步骤

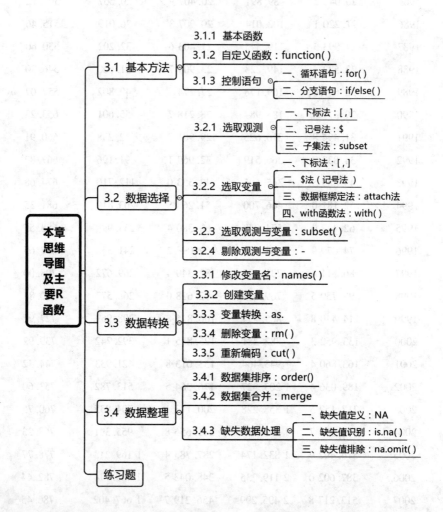

在处理任何数据之前，人们都需对收集到的数据进行整理。将数据整理成一个有用的数据集是统计分析的关键步骤，也是最难的一步，目前许多公司和个人迷恋于 SAS 软件，不仅因为 SAS 软件强大的统计分析功能，还因为 SAS 软件的数据管理功能。笔者跟许多进行数据分析的人士探讨过，都认为 SAS 软件具有灵活的数据整理功能。实际上，如果你所分析的数据量不是很大（百万级观测），那么 R 语言的数据管理功能并不比 SAS 软件弱，况且 R 语言自身占用的空间是非常小的（约 47M，你可以放在 U 盘里带着它到处用），而 SAS 大概有 2 000M（约 2G），如果仅仅做一些基本的统计分析，那么用 SAS 简直就是杀鸡用牛刀！

3.1　基本方法

不同于 SAS、SPSS 等基于过程的统计软件，R 语言进行数据分析是基于函数进行的，所有 R 语言的命令都以函数形式出现。比如前面读取文本数据的 read. table() 函数和读取 csv 数据文件的 read. csv() 函数，建立向量的 c() 函数及构建数据框的 data. frame() 函数。下面介绍几个在使用 R 语言进行数据处理时常用的函数。

3.1.1　基本函数

1. 帮助函数

想了解任何一个 R 语言函数，只要采用 help() 函数即可，如下面的命令将显示 read. csv 函数的使用帮助：help(read. csv)。

2. 工作目录函数

使用 R 语言时一个重要的设置是定义工作目录，即设置当前运行路径（这样你的全部数据和程序都将保存在该目录下）。如将工作目录设定为 E:\DataStatR（先在 E 盘上建立目录 DataStatR）。

```
setwd("E:/DataStatR")①        #修改当前工作目录
getwd()                        #显示当前工作目录

[1]"E:/DataStatR"
```

这样你后面的所有操作将在 DataStatR 空间中进行，你所保存的数据、命令、结果都可在其目录下找到。

3. 安装及调用包

安装只表示将该包安装到 R 语言系统中，要在 R 中应用该包中的函数和数据，还要使用下面的命令将这些函数和数据调入 R 语言的内存中。

```
install.packages("dstat R")    #安装 dstat R 包
library(dstat R)                #等价于 library("dstat R")
```

3.1.2　自定义函数

在较复杂的计算问题中，有时候一个任务可能需要重复多次，这时我们不妨编写自己的函数，这么做的好处是函数内的变量名是局部的，即当函数运行结束后它们不再被保存到当前的工作空间，这就可以避免许多不必要的混淆和内存空间被占用的情况。R 语言与其他统计软件最大的区别之一是你可以随时随地编写自己的函数，而且可以像使用 R 的内置函数一样使用自己的函数。编写函数的句法是：

---

① 等价于 setwd("E:\\DataStatR")。注意 setwd("E:\DataStatR") 是错的。

函数名<-function（参数1，参数2，…）

{

　　函数体

　　函数返回值

}

要学好 R 语言，就必须掌握 R 语言中的函数及其编程方法。函数的每一部分都很重要，接下来将逐一介绍。

1. 函数名

函数名可以是任意值，但定义过了的函数名要小心使用，因为后来定义的函数会覆盖原先定义的函数。一旦定义了函数名，你就可以像使用 R 的其他函数一样，比如我们定义一个用来求一组数据的平方和的函数 Sq. sum，可以像 C，C + +，VB 等语言相同的方式定义，但要方便很多，如计算 $S=\sum x^2$ 的函数如下：

```
Sq.sum<-function(x){
S=sum(x^2)
S              #return(S)
}
```

注意，有别于其他编程语言，这里的函数参数 x 可以是一个数值、向量、矩阵或数据框。对于这类只有一个算术式的简单函数，可写在一行上，可以不用赋值，也可不要{}，即

```
Sq.sum<-function(x){sum(x^2)}        #Sq.sum<-function(x) sum(x^2)
```

这里的函数名就是 Sq. sum，以后我们就可以像使用其他函数一样使用它了。

```
Sq.sum(1:9)
```
```
[1]285
```
```
Sq.sum(UG$height)
```
```
[1]1363038
```

2. 关键词

编写函数一定要写上 function 这个关键词，它告诉 R 这个新的数据对象是函数，所以编写函数时千万不可忘记它。

3. 函数参数

函数参数根据实际需要的不同而有不同的参数设置，下面将介绍三种情况：

（1）无参数：有时编写函数是为了某种方便，函数每次的返回值都是一样的，其输入不是那么重要。比如我们编写 welcome 函数，其每次返回值都是 "welcome to use R"。

```
welcome<-function() print("welcome to use R")
welcome()
```
```
[1]"welcome to use R"()
```

（2）单参数：若要使你的函数个性化，那么你可以使用单参数，函数将会根据参数的不同，产生不同的返回值。

```
welcome<-function(names) print(paste("welcome",names,"to use R"))
welcome("Mr Fang")
```
```
[1]"welcome Mr Fang to use R"
```
```
welcome("Mr Wang")
```
```
[1]"welcome Mr Wang to use R"
```

（3）默认参数：指不输入任何参数。

对上面的带参数函数，假如不输入参数，结果将会怎么样呢？

```
welcome()
```
```
错误在 paste("welcome",names,"to use R") : 缺少变元"names",也没有缺失值
```

没输入参数，单参数函数 welcome 将返回出错信息。其实我们可以给函数设置默认值，R 提供了一个简单的方法允许给函数的参数设置默认值。比如：

```
welcome<-function(names="Mr Fang") print(paste("welcome",names,"to use R"))
welcome()
```
```
[1]"welcome Mr Fang to use R"
```

下面编写一个模拟函数：求服从均值 $\mu=5$，标准差 $\sigma=2$ 的正态样本数据的 t 统计量[①]。

即 $t=\dfrac{\bar{x}-\mu}{s/\sqrt{n}}$，其中，$n$ 为样本含量，$\bar{x}$ 为样本均值，s 为样本方差。

```
sim.t<-function(n){
    mu=5;sigma=2;
    x=rnorm(n,mu,sigma)
    t=(mean(x)-mu)/(sd(x)/sqrt(n))
    t    #return(t)
}
sim.t(10)    #样本含量为10,均值 μ=5,标准差 σ=2 的 t 统计量
```
```
[1]-0.4835
```

其中 rnorm 为产生正态随机数 $N(\mu,\sigma^2)$ 函数，详见 5.2 节。

sim.t 函数的均值、标准差是固定的，但是假如我们希望这个函数的样本含量、均值、标准差都是可变的，这时我们就要在函数里添加均值、标准差两个参数。

```
sim.t<-function(n=10,mu=5,sigma=2){ #默认为样本含量为10,均值为5,标准差为2
    x=rnorm(n,mu,sigma)
    t=(mean(x)-mu)/(sd(x)/n)
    t
}
sim.t()                             #样本含量为10,均值为5,标准差为2
```
```
[1]-0.1578
```

---

① 关于 t 统计量见 5.3 节和 6.2 节。

sim.t(15)	#样本含量为15,均值为5,标准差为2
[1]0.1494	
sim.t(mu=4,sigma=1)	#样本含量为10,均值为4,标准差为1
[1] -0.7774	
sim.t(n=25,sigma=20,mu=10)	#样本含量为25,标准差为20,均值为10
[1] -0.1675	

这里值得注意的是，不要把位置参数与名义参数混淆起来。位置参数必须与函数定义的参数顺序一一对应，比如 sim.t(5,0,1)，5 对应参数 n，0 对应参数 mu，1 对应参数 sigma。再比如 sim.t(5,4)，5 对应参数 n，4 对应参数 mu，第三个位置上没有值与参数 sigma 对应，这时 sigma 取默认值 2。但是使用名义参数，就没有按顺序对应，比如 sim.t(5,sigma=10,mu=1)，这使多参数函数使用起来非常方便。

R 语言允许定义一个变量，然后将变量值传递给 R 的内置函数。这在作图上非常有用。比如编写一个画图函数，允许你先定义一个变量 x，用这个变量生成 y 变量，然后描出曲线图。下面我们用 R 语言自带的绘制曲线的函数 curve 来介绍 R 语言的绘图特征。

curve(sin,0,2 *pi)	#正弦曲线，pi=3.1415926
curve(cos,0,2 *pi)	#余弦曲线

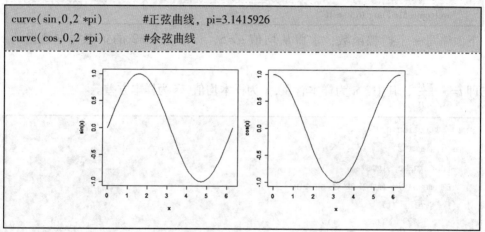

curve 函数是一种泛性函数，可以是任何函数，例如指数函数、对数函数，也可以是自定义函数。

curve(exp,-1,1)	#作 -1 到 1 的指数曲线
curve(log,0,1)	#作 0 到 1 的对数曲线

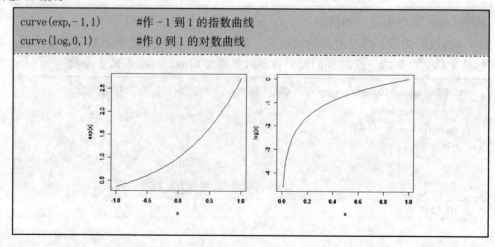

4. 函数体和函数返回值

函数体和函数返回值是整个函数的主要部分，函数返回值是函数体最后一个表达式的结果。如果函数体的表达式只有一个当然就很简单。当函数体的表达式不止一个时，要用 { } 封起来。如下面的 Square 函数。但如果函数要求返回的值多于一个时，就需使用列表数据类型了。

例如，我们要计算学生身高的平方和 sum2$=\Sigma x^2$、平方积 prod2$=\Pi x^2$ 及离均差平方和 lxx $= \Sigma (x - \bar{x})^2$，函数如下：

```
Square<-function(x){
    sum2=sum(x^2)
    prod2=prod(x^2)
    lxx=sum((x-mean(x))^2)
    list(sum2=sum2,prod2=prod2,lxx=lxx)
}
S=Square(UG$height);S
```
```
$sum2
[1]1363038
$prod2
[1]4.04e+213
$lxx
[1]4924
```

如果要在后续的计算中应用平方和，仅需使用 S$sum2 即可。

3.1.3 控制语句

通过上文可看到，R 语言是基于函数的语言，而编写函数就离不开对程序的控制，下面介绍两个简单的控制语句。

一、循环语句

这里主要介绍 for 循环。for 循环允许循环使用向量或数列的每一个值，这在编程中非常有用。虽然，在 R 里编写函数大多使用向量的方法，而不使用 for 循环，但 for 循环是非常有用的。当我们学习编写函数时，它可以使我们的思路更加简洁、清晰。for 循环的句法是：

for(变量 in 取值向量) {

    表达式…

}

接下来举一些简单的例子，首先把向量 x 的值加总（当然直接用 R 内置的 sum 函数求和更简单），这里 x.sum $=\Sigma x$。

```
x.sum<-function(x){
   n=length(x)
   s=0
   for(i in 1:n)
      s=s+x[i]
   s
}
x.sum(1:10)
```

```
[1] 55
```

在这个例子里，变量是 i，取值向量是 1，2，…，n，表达式是 $s=s+x[i]$，当有多个表达式时，应用 {} 封起来。

再举个非常有用的例子，假如要画样本含量 n 分别为 20，30，50，100 的正态随机数的分布直方图，我们可以用 for 循环一次完成。

```
par(mfrow=c(2,2))          #该命令将产生 2×2 个图,详见 4.1 节
   for(n in c(20,30,50,100))
   hist(rnorm(n),xlab='',main=paste('n=',n))
par(mfrow=c(1,1))
```

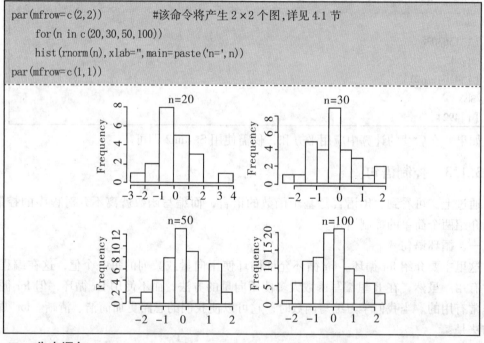

二、分支语句

（1）if/else 语句。

if/else 语句是分支语句中主要的语句，其格式为：

if(cond)statement_1

if(cond)statement_1 else statement_2

第一句的意义是如果条件 cond 成立，则执行表达式 statement_1；否则跳过。第二句的意义是如果条件 cond 成立，则执行表达式 statement_1；否则执行表达式 statement_2。

条件表达式根据条件而执行不同的命令，比如绝对值函数就是一个最简单的条件表达式。

```
abs.x<-function(x){
  if(x<0) {x=-x}
  x
}
abs.x(-3)
abs.x(3)
abs.x(c(-3,3))
```

```
[1]3
[1]3
[1] -3 3
警告信息:
In if (x<0){ }:条件的长度大于1,因此只能用其第一元素
```

这是一个简单的求绝对值函数,但是当 x 为向量 $c(-3,3)$ 时,这个函数就会出错,我们可以把这个函数修改一下,改成:

```
abs.x<-function(x){
  if(x[x<0]) {
    x[x<0]=-x[x<0]
  }
  x
}
abs.x(c(-3,3))
```

```
[1] 3 3
```

(2) ifelse 语句。

在上面的 if/else 语句中,R 中有一个更简洁的形式来表达 ifelse 语句:ifelse(test, yes,no),test 为真,输出 yes 值,否则输出 no 值。

```
x=c(-3,3)
ifelse(x<=0,-x,x)
```

```
[1]3 3
```

3.2　数据选择

前面讲到 R 语言中处理的数据大都是以数据框的形式出现,这点和关系数据库、电子表格、统计软件中的数据集形式一样,是所有数据分析的基础。R 语言是以编程为主的数据分析软件,所以选取数据框中的数据进行统计分析就显得十分重要,这也是学习 R 语言的难点所在。

在进行数据分析前,有三个命令需首先采用,以了解数据集的基本情况。

1. 数据框中的数据集大小

dim(UG)	#显示数据框 UG 的维数
[1]48　9	#表示学生数据集 UG 中有 48 行 9 列数据

该命令相当于下面的两个命令：

n=nrow(UG);n	#dim(UG)[1]
[1]48	#表示数据集 UG 中有 48 行数据
m=ncol(UG);m	#dim(UG)[2]
[1]9	#表示数据集 UG 中有 9 列数据

2. 数据框中的变量名称

names(UG)	#显示数据框 UG 中的变量名
[1]"id" "name" "sex" "region" "birth"　"income" "height" "weight" "score"	

3. 数据显示

R 语言中的数据显示非常简单，只要写数据框就可以了，如用命令 UG 就可以显示 UG 数据集的全部内容，但当数据集较大时，建议用 head。

head(UG)		#显示前 6 行数据							
	id	name	sex	region	birth	income	height	weight	score
1	201205A01	赵**	女	东部	1992－4－8	16.6	164	66	64.1
2	201205A02	高**	男	西部	1993－5－12	20.6	162	65	71.2
3	201205A03	朱**	男	中部	1995－7－18	4.1	186	87	90.2
4	201205A04	许**	女	中部	1995－1－8	78.8	165	67	74.9
5	201205A05	陈**	男	西部	1992－3－7	3.8	165	69	75.6
6	201205A06	吴**	男	东部	1995－11－27	14.8	187	89	92.1

head 默认显示前 6 行数据，但也可以选择显示任意多行数据。

head(UG,3)		#显示前 3 行数据							
	id	name	sex	region	birth	income	height	weight	score
1	201205A01	赵**	女	东部	1992－4－8	16.6	164	66	64.1
2	201205A02	高**	男	西部	1993－5－12	20.6	162	65	71.2
3	201205A03	朱**	男	中部	1995－7－18	4.1	186	87	90.2
head(UG,-3)		#显示不包括后 3 行的数据							

如果要显示后面的数据，可用 tail 命令。

tail(UG)		#显示后 6 行数据							
	id	name	sex	region	birth	income	height	weight	score
43	201205A43	吴**	男	中部	1995－11－27	105.9	190	91	66.2
44	201205A44	高**	女	西部	1993－5－11	31.4	185	84	86.4
45	201205A45	高**	男	东部	1993－5－11	13.8	175	63	75.3
46	201205A46	杨**	男	东部	1996－12－29	158.0	182	75	69.3
47	201205A47	魏**	男	东部	1994－6－14	17.2	191	78	73.1
48	201205A48	孙**	女	西部	1995－9－22	14.2	168	70	78.7

tail 默认显示后 6 行数据，但也可以选择显示任意多行数据。

```
tail(UG,3)        #显示后3行数据

      id        name   sex  region  birth         income  height  weight  score
46   201205A46   杨**   男   东部    1996 - 12 - 29  158.0   182     75      69.3
47   201205A47   魏**   男   东部    1994 - 6 - 14   17.2    191     78      73.1
48   201205A48   孙**   女   西部    1995 - 9 - 22   14.2    168     70      78.7

tail(UG,-3)       #显示不包括前3行的数据
```

3.2.1 选取观测

在进行数据分析时，经常需要对数据子集进行统计分析，所以需要选取数据框中的部分观测值来进行分析，R 语言中选取数据框中观测值（行）的方法主要有三种：下标法、$ 法和 subset 法。

一、下标法

该方法在 2.3.3 中已做了简单介绍。数据框是矩阵的扩展，我们可以用矩阵的行下标来选取观测值，这也是 R 语言优于其他统计软件的最大特点。应用它可将数据框作为矩阵进行各种数值运算，$UG[i, j]$ 表示 UG 的第 i 行第 j 列数据，而 $UG[i,]$ 表示 UG 的第 i 行观测值。比如我们要取第 1 个和第 6 个学生的基本信息。

```
UG[1,]              #第1个学生的基本信息
UG[6,]              #第6个学生的基本信息
UG[1:6,]            #前1~6个学生的基本信息,等价于 head(UG)
UG[c(1,6,20),]      #第1、6和20个学生的基本信息
```

二、$ 法（记号法）

该方法可根据分类变量的取值来选择观测数据。

```
UG[UG$sex=='男',]       #选取性别为男的观测数据
UG[UG$weight>80,]       #选取体重超过80千克的学生
```

三、subset 法（子集法）

这是 R 语言中最简单的选择数据的方法，推荐使用 subset 函数。

```
subset(UG, sex=='男')           #选取男生数据
subset(UG, sex=='男'&weight>80) #选取体重超过80千克的男生数据
```

3.2.2 选取变量

由于 R 语言的数据统计分析是对数据框中的变量进行处理的，因此首先要识别出数据框中的变量。选取数据框中变量（列）的方法主要有四种：下标法、$ 法、attach 法和 with 法。

一、下标法

同选取观测值一样，数据框是矩阵的扩展，我们也可以用矩阵的列下标来选取变量数据，$UG[i,j]$ 表示 UG 的第 i 行第 j 列数据，而 $UG[,j]$ 表示 UG 的第 j 列数据变量。比如

选取在数据框 UG 的第 7、第 8 两列的身高和体重变量。

```
UG[,7]                  #等价于 UG$height
UG[,8]                  #等价于 UG$weight
UG[,7:8]                #等价于 UG[,c(7,8)]或 UG[,c('height','weight')]
UG[,c(3,7,8)]           #等价于 UG[,c('sex','height','weight')]
```

二、$法（记号法）

这是 R 语言中最直观的选择变量的方法，比如，要选取数据框 UG 中的身高和体重变量，直接用 UG$height 与 UG$weight 即可。虽然用该方法书写时有些烦琐，但笔者认为这是最不容易出错，也是最直接的一种方法，推荐使用。

```
X=UG$height
mean(X)                           #mean(UG$height)
mean(UG$weight)
plot(UG$height,UG$weight)         #以 height 为横坐标,weight 为纵坐标画散点图
lm(UG$weight~UG$height)
```

而且大多数情况下，我们可直接用数据命令反映数据，如上面窗口中的最后两行可写为：

```
plot(weight~height,data=UG)   #plot(UG$height,UG$weight)
lm(weight~height,data=UG)
```

三、attach 法（数据框绑定法）

这是传统 R 语言中用得较多的一种选择变量的方法,比如用 attach(UG) 可以解析数据框 UG 中的所有变量, 此后的变量名可直接使用, 即 height、weight 可直接使用。但该方法有时会引起一些不易发现的错误, 因为这时再定义一个 height 变量就会屏蔽掉前面的 height。如果考虑 attach 的方便性, 建议 attach() 和 detach() 配合使用, 即

```
attach(UG)
  mean(height)
  mean(weight)
  plot(height,weight)
  lm(weight~height)
detach()
```

但很多人会经常忘记 detach() 命令。

四、with 法（函数法）

这是 R 语言中仿照 VB 语言的一种新的选择变量的方法，比如用 with(UG, {...}) 可以解析数据框 UG 中的所有变量，此后在 {} 中的变量名可直接使用，即 height、weight 可直接使用。

```
with(UG, {
    mean(height)
    mean(weight)
    plot(height,weight)
    lm(weight~height)
})
```

但该方法也有局限性，即一次必须执行 {} 中的所有语句，不能单独执行其中的一句，这给调试程序带来不便。

3.2.3　选取观测与变量

同时选取观测与变量数据的方法就是将 3.2.1 和 3.2.2 的方法结合使用。

如我们要选取体重超过 80 千克的男生的身高和体重数据集的方法如下：

```
UG[UG$sex=='男'&UG$weight>80,c('sex','height','weight')]
```

	sex	height	weight
3	男	186	87
6	男	187	89
43	男	190	91

也可简单写成 UG［UG$sex=='男'&UG$weight>80,C(3,7,8)］

推荐使用 subset 方法的另外一个原因是该函数不仅可选择观测值，也可选择变量，如下面的命令也构成体重超过 80 千克的男生的身高和体重数据集，但更直观些。

```
subset(UG, sex=='男'&weight>80,c(sex,height,weight))
```

	sex	height	weight
3	男	186	87
6	男	187	89
43	男	190	91

3.2.4　剔除观测与变量

剔除观测和变量数据的最简单方法就是在下标前面加上"－"号，如：

```
UG[-1,]                  #剔除第1行数据
UG[c(-1,-6),]            #剔除第1行和第6行数据
UG[,-1]                  #剔除第1列数据
UG[,c(-1,-6)]            #剔除第1列和第6列数据
UG[-1,-1]                #剔除第1行和第1列数据
UG[c(-1,-6),c(-1,-6)]    #剔除第1行、第6行和第1列、第6列数据
```

该方法的优点是数据并未从数据集中被真正删除，本质上也是一种数据选取方法，要删除数据集中的变量，见 3.3.4 删除变量的方法。

3.3　数据转换

本书中所进行的各种统计分析都是基于数据框（集）的，所以我们做的各种变换都是针对数据框的。

3.3.1　修改变量名

在此需要注意的是，变量名被更改后原来的变量名就不存在了，想要恢复原来的变量名就得重新调入数据或在修改变量名前将原变量名预先保存起来，如：

```
names(UG)
```

```
[1]"id" "name" "sex" "region" "birth" "income" "height" "weight" "score"
```

```
vars<-names(UG)
names(UG)<-paste("x",1:9,sep="")   #x与1:9中的每个数结合且分隔符为空格
names(UG)
```

```
[1]"x1" "x2" "x3" "x4" "x5" "x6" "x7" "x8" "x9"
```

```
names(UG)<-vars
names(UG)
```

```
[1]"id" "name" "sex" "region" "birth" "income" "height" "weight" "score"
```

如果我们要将数据集 UG 中的性别变量 sex 的名称改为 gender，平均成绩变量 score 的名称改为 math，需采用下面的方法：

```
names(UG)
```

```
[1]"id" "name" "sex" "region" "birth" "income" "height" "weight" "score"
```

```
names(UG)[3]<-"gender"
names(UG)[9]<-"math"
names(UG)
```

```
[1]"id" "name" "gender" "region" "birth" "income" "height" "weight" "math"
```

3.3.2　创建变量

1. 创建内存中的变量

```
X=log(UG$income);X
```

```
[1]2.809  3.025  1.775  4.367  3.170  2.695  …
```

注意该命令虽然产生了家庭收入的对数变量，但该变量并不出现在数据框 UG 中。

```
names(UG)
```

```
[1]"id" "name" "sex" "region" "birth" "income" "height" "weight" "score"
```

```
names(UG)<-vars      #恢复原变量名
```

2. 创建数据框中的变量

要创建数据框中的变量，有两种方法。

（1）＄法：

```
UG$GPA=UG$score/10 - 5        #成绩绩点=分数/10 - 5
head(UG)
```

	id	name	sex	region	birth	income	height	weight	score	GPA
1	201205A01	赵**	女	东部	1992 - 4 - 8	16.6	164	66	64.1	1.41
2	201205A02	高**	男	西部	1993 - 5 - 12	20.6	162	65	71.2	2.12
3	201205A03	朱**	男	中部	1995 - 7 - 18	4.1	186	87	90.2	4.02
4	201205A04	许**	女	中部	1995 - 1 - 8	78.8	165	67	74.9	2.49
5	201205A05	陈**	男	西部	1992 - 3 - 7	3.8	165	69	75.6	2.56
6	201205A06	吴**	男	东部	1995 - 11 - 27	14.8	187	89	92.1	4.21

（2）transform 法：

```
UG=transform(UG,GPA=score/10 - 5)      #UG$GPA=UG$score/10 - 5
```

3.3.3 变量转换

对数据进行统计分析大多是基于数值型数据的，通常我们需要将字符型、日期型等数据转换成数值型以便进行进一步分析。比如 UG 数据框中的出生日期 birth 变量就是一个日期型变量，但用 read. csv 从文件"UGdata. csv"读入的变量 birth 通常是一个字符型变量，要使其成为一个日期型变量，需用 as. Date 命令进行转换。

```
UG$birth=as.Date(UG$birth)
head(UG)
```

	id	name	sex	region	birth	income	height	weight	score	GPA
1	201205A01	赵**	女	东部	1992 - 04 - 08	16.6	164	66	64.1	1.41
2	201205A02	高**	男	西部	1993 - 05 - 12	20.6	162	65	71.2	2.12
3	201205A03	朱**	男	中部	1995 - 07 - 18	4.1	186	87	90.2	4.02
4	201205A04	许**	女	中部	1995 - 01 - 08	78.8	165	67	74.9	2.49
5	201205A05	陈**	男	西部	1992 - 03 - 07	3.8	165	69	75.6	2.56
6	201205A06	吴**	男	东部	1995 - 11 - 27	14.8	187	89	92.1	4.21

通过将字符变量转换成日期变量后才可以计算学生的年龄大小，下面命令计算学生入学时（2012 - 09 - 01）的年龄天数。

```
UG$age=as.Date("2012 - 09 - 01") - UG$birth
head(UG)
```

	id	name	sex	region	birth	income	height	weight	score	GPA	age
1	201205A01	赵**	女	东部	1992 - 04 - 08	16.6	164	66	64.1	1.41	7451days
2	201205A02	高**	男	西部	1993 - 05 - 12	20.6	162	65	71.2	2.12	7052days
3	201205A03	朱**	男	中部	1995 - 07 - 18	4.1	186	87	90.2	4.02	6255days
4	201205A04	许**	女	中部	1995 - 01 - 08	78.8	165	67	74.9	2.49	6446days
5	201205A05	陈**	男	西部	1992 - 03 - 07	3.8	165	69	75.6	2.56	7483days
6	201205A06	吴**	男	东部	1995 - 11 - 27	14.8	187	89	92.1	4.21	6123days

下面将年龄由天数转换成年数（除以365），并转化成整数（用 as. integer 函数）年数。

```
UG$age=as.integer(UG$age/365)
head(UG)
```

	id	name	sex	region	birth	income	height	weight	score	GPA	age
1	201205A01	赵**	女	东部	1992-04-08	16.6	164	66	64.1	1.41	20
2	201205A02	高**	男	西部	1993-05-12	20.6	162	65	71.2	2.12	19
3	201205A03	朱**	男	中部	1995-07-18	4.1	186	87	90.2	4.02	17
4	201205A04	许**	女	中部	1995-01-08	78.8	165	67	74.9	2.49	17
5	201205A05	陈**	男	西部	1992-03-07	3.8	165	69	75.6	2.56	20
6	201205A06	吴**	男	东部	1995-11-27	14.8	187	89	92.1	4.21	16

3.3.4 删除变量

如果要删除数据框中的某个变量，可给该变量赋予 NULL（空）值即可。如要删除刚才创建的数据集 UG 中的新变量，可用如下操作：

```
names(UG)
[1]"id" "name" "sex" "region" "birth" "income" "height" "weight"
[9]"score" "GPA" "age"

UG$GPA<-NULL;UG$age<-NULL
names(UG)
[1] "id" "name" "sex" "region" "birth" "income" "height" "weight" "score"
```

此处要注意删除变量跟 3.2.4 剔除变量的区别。剔除是指暂时不用，而删除是指从数据集中消除。还需要特别注意的是关于删除命令 rm 的用法，rm 是指删除内存中的对象，包括变量、数据框、函数和命令等，如要删除刚才建立的变量 X，就得用 rm。

```
ls()     #显示内存中对象
[1]"UG"   "vars"   "X"

rm(X)   #删除内存中对象 X
ls()
[1]"UG"   "vars"
```

3.3.5 重新编码

对数据重新编码在数据统计分析中也是相当重要的，比如我们需要对计数数据重新编码、计量数据重新分组等。例如将数据集的年龄、身高、体重、平均成绩等进行分组统计。

下面首先对家庭收入进行分组：

```
UG$income_c=NA
UG$income_c[UG$income<=5]<-"低收入"
UG$income_c[UG$income>5 & UG$income<=50 ]<-"中等收入"
UG$income_c[UG$income>50]<-"高收入"
head(UG)
```

	id	name	sex	region	birth	income	height	weight	score	income_c
1	201205A01	赵**	女	东部	1992−04−08	16.6	164	66	64.1	中等收入
2	201205A02	高**	男	西部	1993−05−12	20.6	162	65	71.2	中等收入
3	201205A03	朱**	男	中部	1995−07−18	4.1	186	87	90.2	低收入
4	201205A04	许**	女	中部	1995−01−08	78.8	165	67	74.9	高收入
5	201205A05	陈**	男	西部	1992−03−07	3.8	165	69	75.6	低收入
6	201205A06	吴**	男	东部	1995−11−27	14.8	187	89	92.1	中等收入

使用 within() 函数写代码更简洁些：

```
UG<-within(UG, {
   income_c=NA
   income_c[ income<=5]<-"低收入"
   income_c[ income>5&income<=50 ]<-"中等收入"
   income_c[ income>50]<-"高收入"
})
```

用 cut() 函数能更方便地将数值型变量分成多组：

```
UG$income_c=cut(UG$income, breaks=c(0, 5, 50, max(UG$income)))
head(UG)
```

	id	name	sex	region	birth	income	height	weight	score	income_c
1	201205A01	赵**	女	东部	1992−04−08	16.6	164	66	64.1	(5,50]
2	201205A02	高**	男	西部	1993−05−12	20.6	162	65	71.2	(5,50]
3	201205A03	朱**	男	中部	1995−07−18	4.1	186	87	90.2	(0,5]
4	201205A04	许**	女	中部	1995−01−08	78.8	165	67	74.9	(50,158]
5	201205A05	陈**	男	西部	1992−03−07	3.8	165	69	75.6	(0,5]
6	201205A06	吴**	男	东部	1995−11−27	14.8	187	89	92.1	(5,50]

下面我们再对平均成绩按 [0, 60)、[60, 70)、[70, 80)、[80, 90)、[90, 100) 分组，以便后面进行统计分析：

```
UG$score_c=cut(UG$score, breaks=c(0, 60, 70, 80, 90, 100))
head(UG)
```

	id	name	sex	region	birth	income	height	weight	score	income_c	score_c
1	201205A01	赵**	女	东部	1992−04−08	16.6	164	66	64.1	(5,50]	[60,70)
2	201205A02	高**	男	西部	1993−05−12	20.6	162	65	71.2	(5,50]	[70,80)
3	201205A03	朱**	男	中部	1995−07−18	4.1	186	87	90.2	(0,5]	[90,100)
4	201205A04	许**	女	中部	1995−01−08	78.8	165	67	74.9	(50,158]	[70,80)
5	201205A05	陈**	男	西部	1992−03−07	3.8	165	69	75.6	(0,5]	[70,80)
6	201205A06	吴**	男	东部	1995−11−27	14.8	187	89	92.1	(5,50]	[90,100)

3.4 数据整理

3.4.1 数据集排序

R 语言中有两个用于排序的命令是 sort() 和 order()，许多人容易混淆，sort() 是针对单个变量（向量）的排序，而 order() 可对多变量（数据框）的数据集进行排序。

（1）将 income 按升序排列，默认：

	id	name	sex	region	birth	income	height	weight	score	income_c	score_c
					UG[order(UG$income),]						
24	201205A24	王**	男	西部	1991－03－04	1.1	157	59	65.0	(0,5]	[60,70)
14	201205A14	高**	女	中部	1993－05－12	2.9	165	64	75.4	(0,5]	[70,80)
20	201205A20	周**	男	西部	1996－10－24	2.9	159	61	68.2	(0,5]	[60,70)
28	201205A28	高**	女	中部	1993－05－12	3.3	166	70	75.9	(0,5]	[70,80)
31	201205A31	唐**	男	西部	1994－06－15	3.7	178	74	79.2	(0,5]	[70,80)
5	201205A05	陈**	男	西部	1992－03－07	3.8	165	69	75.6	(0,5]	[70,80)
⋮											

（2）按降序排列，等价于 UG[order(－UG$income),]：

	id	name	sex	region	birth	income	height	weight	score	income_c	score_c
					UG[order(UG$income, decreasing=TRUE),]						
46	201205A46	杨**	男	东部	1996－12－29	158.0	182	75	69.3	(50,158]	[60,70)
43	201205A43	吴**	男	中部	1995－11－27	105.9	190	91	66.2	(50,158]	[60,70)
4	201205A04	许**	女	中部	1995－01－08	78.8	165	67	74.9	(50,158]	[70,80)
11	201205A11	赵**	男	中部	1992－03－07	73.0	174	67	89.1	(50,158]	[80,90)
15	201205A15	周**	女	东部	1996－10－24	58.3	164	74	64.2	(50,158]	[60,70)
39	201205A39	孙**	女	东部	1996－09－22	57.9	167	71	67.2	(50,158]	[60,70)
⋮											

下面是对性别 sex 和家庭收入 income 同时按升序排列：

	id	name	sex	region	birth	income	height	weight	score	income_c	score_c
					UG[order(UG$sex, UG$income),]						
24	201205A24	王**	男	西部	1991－03－04	1.1	157	59	65.0	(0,5]	[60,70)
20	201205A20	周**	男	西部	1996－10－24	2.9	159	61	68.2	(0,5]	[60,70)
31	201205A31	唐**	男	西部	1994－06－15	3.7	178	74	79.2	(0,5]	[70,80)
5	201205A05	陈**	男	西部	1992－03－07	3.8	165	69	75.6	(0,5]	[70,80)
3	201205A03	朱**	男	中部	1995－07－18	4.1	186	87	90.2	(0,5]	[90,100)
13	201205A13	孙**	男	西部	1995－09－21	5.5	168	73	78.9	(5,50]	[70,80)
⋮											

3.4.2　数据集合并

R 语言中有三种用于数据合并的命令是 merge、cbind、rbind，其中 merge 是按横向合并两个数据框，而且要求两个数据框有一个或多个共同变量；而 cbind 可以横向合并任意两个数据框（矩阵），但要求数据框（矩阵）必须有相同的行数；rbind 可以纵向合并任意两个数据框（矩阵），但要求数据框（矩阵）必须有相同的列数。

下面是由数据集 UG 的第 1 列（学号）、第 2 列（姓名）、第 3 列（性别）和第 4 列（来源地）形成的新数据框 UG1。

```
UG1=UG[,c(1,2:4)]
head(UG1)
```

	id	name	sex	region
1	201205A01	赵**	女	东部
2	201205A02	高**	男	西部
3	201205A03	朱**	男	中部
4	201205A04	许**	女	中部
5	201205A05	陈**	男	西部
6	201205A06	吴**	男	东部

下面是由数据集 UG 的第 1 列（学号）、第 7 列（身高）、第 8 列（体重）和第 9 列（平均成绩）形成的新数据框 UG2。

```
UG2=UG[,c(1,7:9)]
head(UG2)
```

	id	height	weight	score
1	201205A01	164	66	64.1
2	201205A02	162	65	71.2
3	201205A03	186	87	90.2
4	201205A04	165	67	74.9
5	201205A05	165	69	75.6
6	201205A06	187	89	92.1

按列合并 UG1 和 UG2，形成数据框 UG3。

```
UG3=cbind(UG1,UG2);UG3
```

	id	name	sex	region	id	height	weight	score
1	201205A01	赵**	女	东部	201205A01	164	66	64.1
2	201205A02	高**	男	西部	201205A02	162	65	71.2
3	201205A03	朱**	男	中部	201205A03	186	87	90.2
4	201205A04	许**	女	中部	201205A04	165	67	74.9
5	201205A05	陈**	男	西部	201205A05	165	69	75.6
6	201205A06	吴**	男	东部	201205A06	187	89	92.1
⋮								

```
merge(UG1,UG2,by="id")
```

	id	name	sex	region	height	weight	score
1	201205A01	赵**	女	东部	164	66	64.1
2	201205A02	高**	男	西部	162	65	71.2
3	201205A03	朱**	男	中部	186	87	90.2
4	201205A04	许**	女	中部	165	67	74.9
5	201205A05	陈**	男	西部	165	69	75.6
6	201205A06	吴**	男	东部	187	89	92.1

⋮

由于 UG1 和 UG2 包含不同的变量，因此用下面的命令进行行合并将会出错。

```
rbind(UG1,UG2)
```
错误于 match.names(clabs,names(xi))：名字同原来已有的名字不相对

下面产生一个跟 UG2 有相同变量的新数据集 UG4。

```
UG4=UG[10:12,c(1,7:9)];UG4
```

	id	height	weight	score
10	201205A10	166	71	65.5
11	201205A11	174	67	89.1
12	201205A12	173	70	75.4

UG2 和 UG4 包含相同的变量，所以可用下面的命令进行行合并以形成新数据集 UG5。

```
UG5=rbind(head(UG2),UG4);UG5
```

	id	height	weight	score
1	201205A01	164	66	64.1
2	201205A02	162	65	71.2
3	201205A03	186	87	90.2
4	201205A04	165	67	74.9
5	201205A05	165	69	75.6
6	201205A06	187	89	92.1
10	201205A10	166	71	65.5
11	201205A11	174	67	89.1
12	201205A12	173	70	75.4

3.4.3 缺失数据处理

在任何数据收集过程中，或多或少会遇到数据缺失情况。

一、缺失值定义

在 R 中，缺失值以符号 NA（not available，不可用）表示。例如在我们的数据中，假设第 2 个学生没有填写他家的收入，第 4 个学生没有填写她的体重，这时就会出现两个缺失数据，为了保持原来数据集的完整性，定义一个包含缺失值的新的数据集 UG.NA。

```
UG.NA=UG[,1:9]
UG.NA$income[2]<-NA
UG.NA$weight[4]<-NA
head(UG.NA)
```

	id	name	sex	region	birth	income	height	weight	score
1	201205A01	赵**	女	东部	1992 – 4 – 8	16.6	164	66	64.1
2	201205A02	高**	男	西部	1993 – 5 – 12	NA	162	65	71.2
3	201205A03	朱**	男	中部	1995 – 7 – 18	4.1	186	87	90.2
4	201205A04	许**	女	中部	1995 – 1 – 8	78.8	165	NA	74.9
5	201205A05	陈**	男	西部	1992 – 3 – 7	3.8	165	69	75.6
6	201205A06	吴**	男	东部	1995 – 11 – 27	14.8	187	89	92.1

二、缺失值识别

R 语言中使用 is.na() 函数来识别变量是否包含缺失值。

```
is.na(head(UG.NA$income))
```
```
[1]FALSE  TRUE  FALSE  FALSE  FALSE  FALSE
```
```
is.na(head(UG.NA$height))
```
```
[1]FALSE  FALSE  FALSE  FALSE  FALSE  FALSE
```
```
is.na(head(UG.NA$weight))
```
```
[1]FALSE  FALSE  FALSE  TRUE  FALSE  FALSE
```

三、缺失值排除

因为缺失值不是一个数，所以在进行统计分析时需将其排除，否则所进行的任何统计分析都将是 NA。R 中采用 na.omit() 函数来移除缺失值，下面是不包含缺失值的新数据集。

```
UG_NA=na.omit(UG.NA)
head(UG_NA)
```

	id	name	sex	region	birth	income	height	weight	score
1	201205A01	赵**	女	东部	1992 – 4 – 8	16.6	164	66	64.1
3	201205A03	朱**	男	中部	1995 – 7 – 18	4.1	186	87	90.2
5	201205A05	陈**	男	西部	1992 – 3 – 7	3.8	165	69	75.6
6	201205A06	吴**	男	东部	1995 – 11 – 27	14.8	187	89	92.1
7	201205A07	杨**	女	中部	1997 – 12 – 29	30.8	172	69	79.7
8	201205A08	宋**	男	西部	1995 – 8 – 20	35.5	151	57	58.4

可以看到，第 2 行和第 4 行数据被排除出数据集。需要注意的是这种排除法是按行进行的，如果数据集中包含较多缺失值，用这种方法会移除很多数据行！

练习题

1. 请将第 2 章练习题 3 的数据读入 R 语言中，并进行基本处理。

（1）用 R 函数获取性别、数学和统计学成绩变量，并将变量名改成英文格式。

（2）请在 R 中分别对性别、数学或统计学成绩排序。

（3）用 R 函数筛选不同性别学生的成绩。

（4）用 R 函数筛选数学成绩 > 80 分的学生、统计学成绩 > 90 分的学生、数学和统计学成绩都 > 60 分的学生。

（5）用 cut( ) 函数对数学和统计学成绩进行分组。

2. 根据第 2 章练习题 4 的数据做如下处理：

（1）写出提取 2000 年数据的 R 命令，写出提取税收（x2）数据的 R 命令。

（2）写出提取 2001 年至 2008 年经济活动人口（x4）数据的 R 命令。

3. 今调查 1 200 人对某个问题的看法（如下表所示），共收集 7 个变量：地区（用字母 A，B，C，D 表示）、性别（取值有男、女两种）、观点（观测值为支持、反对和不知道三种）、受教育程度（有低、中、高三种取值）、年龄以及月收入和月支出（取值为定量数值）。这些变量有定性（属性）变量，也有定量（数值）变量。按照这些数据的格式，每一列为一个变量的不同观测值，而每一行则称为一个观测单位（又称"样品"），它是由定量值和定性值组成的向量，每一个值对应一个变量。

1 200 人对某个问题的看法的调查数据

编号	地区	性别	受教育程度	观点	年龄（岁）	月收入（元）	月支出（元）
1	A	女	中	反对	55	2 299	1 423
2	A	女	低	反对	39	3 378	2 022
3	A	女	中	支持	33	3 460	1 868
4	B	男	高	支持	41	4 564	1 918
5	A	女	高	支持	55	3 206	1 906
6	A	女	中	反对	48	4 043	2 233
7	D	女	高	支持	36	3 395	1 428
8	C	男	中	支持	50	5 363	1 931
9	B	男	中	反对	49	6 227	2 608
⋮	⋮	⋮	⋮	⋮	⋮	⋮	⋮
1198	B	男	中	支持	24	4 498	1 832
1199	D	男	低	支持	22	3 802	1 747
1200	B	男	中	反对	41	3 150	1 480

（1）请将该数据读入 R 语言中。

（2）请在 R 中分别对年龄、月收入和月支出进行排序。

（3）用 R 函数筛选不同性别或不同受教育程度的人的观点。

（4）用 R 函数筛选 C 地区、女性、受教育程度为中、观点为不支持的人。

（5）用 cut( ) 函数对年龄、月收入和月支出进行分组。

（6）删除观点中的缺失值，并对完整数据重新做（1）～（5）的分析。

4　基本统计描述

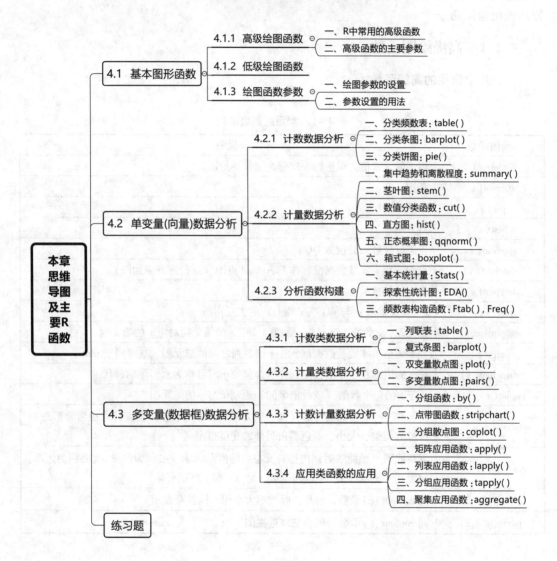

数据分析的两大抓手是统计分析和图形显示，所以在进行数据分析以前需了解一下 R语言中的这两类函数。

R语言不仅是一门快速的统计分析语言，而且是一个非常优秀的统计制图工具，科技文献中的统计图大都是由其绘制的，所以我们在进行统计分析前先介绍一下其强大的绘图功能函数。

4.1　基本图形函数

R 中的绘图命令可以分为高级（High level）、低级（Low level）和交互式（Interactive）三种绘图命令。

简要地说，高级绘图命令可以在图形设备上绘制新图；低级绘图命令将在已经存在的图形上添加更多的绘图信息，如点、线、多边形等；使用交互式绘图命令创建的绘图，可以使用如鼠标这类的定点装置来添加或提取绘图信息。在已有图形上添加信息一般要使用低级绘图命令。

4.1.1 高级绘图函数

一、R 中常用的高级函数

表 4 – 1 常用的高级函数

绘图函数	说明
plot(x)	以 x 的元素值为纵坐标，序号为横坐标绘图
barplot(x)	条图
pie(x)	饼图
hist(x)	直方图
qqnorm(x)	正态分位数—分位数 QQ 图
dotchart(x)	点图，如果 x 是数据框，作 Cleveland 点图（逐行逐列累加图）
boxplot(x)	盒形（箱式）图
plot(x,y)	x（在 x 轴上）与 y（在 y 轴上）的二元作图
matplot(x,y)	二元图，x 的第 1 列对应 y 的第 1 列，x 的第 2 列对应 y 的第 2 列，…
pairs(x)	如果 x 是矩阵或是数据框，作 x 的各列之间的二元图，这等同于 plot
stripchart(x)	把 x 的值画在一条线段上，样本含量较小时可作为盒形图的替代
coplot(x~y|z)	关于 z 的每个数值（或数值区间）绘制 x 与 y 的二元图
symbols($x,y,...$)	由 x 和 y 给定坐标画符号（圆、正方形、长方形、星、温度计式或者盒形图），符号的类型、大小、颜色等由另外的变量指定
contour(x,y,z)	等高线图（画曲线时用内插补充空白的值），x 和 y 必须为向量，z 必须为矩阵，使得 $\dim(z)=c(\text{length}(x),\text{length}(y))$（$x$ 和 y 可以省略）
image(x,y,z)	同 contour（）函数，但是实际数据大小用不同色彩表示
persp(x,y,z)	同 contour（）函数，但为三维透视图

二、高级函数的主要参数

每一个函数，在 R 里都可以在线查询其选项。某些绘图函数的部分选项是一样的，下面列出一些主要的共同选项及其缺省值：

type='p'指定图形的类型，'p':点，'l':线，'b':点连线，'o':点连线，线在点上，'h':垂直线，'s':阶梯式,垂直线顶端显示数据，'S':阶梯式,在垂直线底端显示数据；

$x$lim=，$y$lim=指定轴的上下限，例如 $x$lim=c(1, 10)或者 $x$lim=range(x)；

$x$lab=，$y$lab=坐标轴的标签，必须是字符型值；

main=主标题，必须是字符型值；

sub=副标题（用小字体）；

add=FALSE，如果是 TRUE，叠加图形到前一个图上（如果有的话）；

axes=TRUE，如果是 FALSE，不绘制轴与边框。

下面就以学生身高及其分组数据来对这些函数做些简单介绍。

（1）多图设置：mfrow。

```
X=UG$height          #为了书写方便,可将数据框中的变量定义为一个临时变量 X
plot(X)              #plot(X,type='p')
plot(X,type='l')     #图的形状为线
plot(X,type='b')     #图的形状为点连线
plot(X,type='h')     #图的形状为垂直线
```

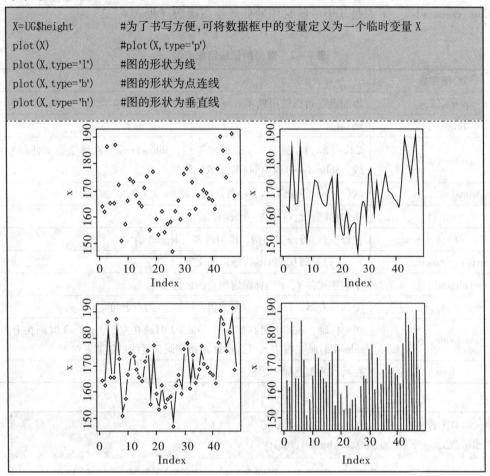

（2）图形修饰：$x$lab，$y$lab，$y$lim，main。

```
plot(X)
plot(X,xlab='序号',ylab='身高',ylim=c(140,200),main='学生身高的散点图')
```

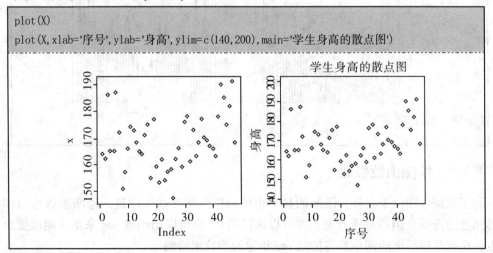

4.1.2 低级绘图函数

R 里面有一套绘图函数是作用于现存的图形上的，称为低级作图命令（low – level plotting commands）。下面是其中一些常用的低级绘图函数（见表 4 - 2）。

表 4 – 2 常用的低级绘图函数

绘图函数	说明
$points(x,y)$	添加点（可以使用选项 type=）
$lines(x,y)$	添加线
$abline(a,b)$	abline(h=y)在纵坐标 y 处画水平线，abline(v=x) 在横坐标 x 处画垂直线，abline(obj)画由 obj 确定的回归线
$segments(x_0,y_0,x_1,y_1)$	从 (x_0,y_0) 各点到 (x_1,y_1) 各点画线段
$title()$	添加标题，也可添加一个副标题
$legend(x,y,legend)$	在点 (x,y) 处添加图例，说明内容由 legend 给定
$text(x,y,labels,\dots)$	在 (x,y) 处添加用 labels 指定的文字
$polygon(x,y)$	绘制连接各 x，y 坐标确定的点的多边形
$rect(x_1,y_1,x_2,y_2)$	绘制长方形，(x_1,y_1) 为左下角，(x_2,y_2) 为右上角
$axis(side,vect)$	画坐标轴，side=1 时画在下边，side=2 时画在左边，side=3 时画在上边，side=4 时画在右边，可选参数 at 指定画刻度线的位置
$box()$	在当前的图上加上边框

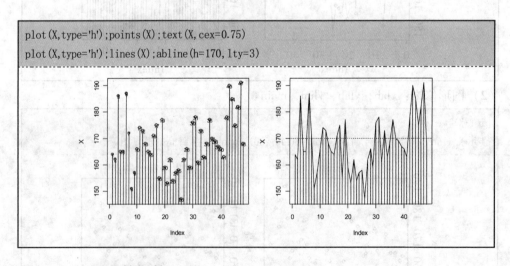

```
plot(X,type='h');points(X);text(X,cex=0.75)
plot(X,type='h');lines(X);abline(h=170,lty=3)
```

4.1.3 绘图函数参数

除了低级作图命令之外，图形的显示也可以用绘图参数来改良。绘图参数可以作为图形函数的选项（但不是所有参数都可以这样用），也可以用函数 par 来永久地改变绘图参数，也就是说后来的图形都将按照 par 指定的参数来绘制。

例如命令 par(bg="yellow")将使之后的图形都以黄色的背景来绘制。有 73 个绘图参数，其中一些有非常相似的功能。这些参数详细的列表可以使用?par命令查阅。

一、绘图参数的设置

表4-3列举了常用的绘图函数参数。

表4-3 常用的绘图函数参数

函数	说明
adj	控制关于文字的对齐方式，0是左对齐，0.5是居中对齐，1是右对齐，值 > 1时对齐位置在文本的左方，取负值时对齐位置在文本的右方；如果给出两个值［例如 c(0, 0)］，第二个只控制关于文字基线的垂直调整
bg	指定背景色［例如 bg="red"，bg="blue"；用 colors() 可以显示 657 种可用的颜色名］
bty	控制图形边框形状，可用的值为:"o""l""7""c""u""]"(边框和字符的外表相像)；如果bty="n"则不绘制边框
cex	控制缺省状态下符号和文字大小的值；另外，cex. axis 控制坐标轴刻度数字大小，cex. lab 控制坐标轴标签文字大小，cex. main 控制标题文字大小，cex. sub 控制副标题文字大小
col	控制符号的颜色；和 cex 类似，还可用：col. axis，col. lab，col. main，col. sub
font	控制文字字体的整数（1：正常，2：斜体，3：粗体，4：粗斜体）；和 cex 类似，还可用：font. axis，font. lab，font. main，font. sub
las	控制坐标轴刻度数字标记方向的整数（0：平行于轴，1：横排，2：垂直于轴，3：竖排）
lty	控制连线的线型，可以是整数（1：实线，2：虚线，3：点线，4：点虚线，5：长虚线，6：双虚线），或者是不超过 8 个字符的字符串（字符为从"0"到"9"之间的数字）交替地指定线和空白的长度，单位为磅（point）或像素，例如 lty="44"和 lty=2 效果相同
lwd	控制连线宽度的数字
mar	控制图形边空的有 4 个值的向量 c(bottom, left, top, right)，缺省值为 c(5,4,4,2) + 0.1
mfcol	c(nr, nc) 的向量，分割绘图窗口为 nr 行 nc 列的矩阵布局，按列次序使用各子窗口
mfrow	同 mfcol，但是按行次序使用各子窗口
pch	控制符号的类型，可以是 0 到 25 的整数，也可以是""里的单个字符

二、参数设置的用法

下面对几个参数举例说明：

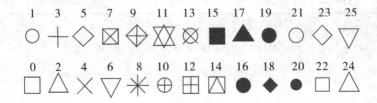

1. 符号参数 pch

pch 是 plotting character 的缩写。pch 符号可以使用"0:25"来表示 26 个标识（参看上

图 pch 符号)。当然符号也可以使用#、%、*、|、+、-、:、o、O 等表示。值得注意的是，21:25 这几个符号可以在 points 函数使用不同的颜色填充（bg=参数）。例如使用 plot(1:24,pch=1:24),text(1:24,adj=-1) 可产生上面的图标。

2. 在同一画面画出多张图

这里提供两种解决方案。

（1）修改绘图参数，如 par(mfrow=c(2,2)) 或 par(mfcol=c(2,2))就是将屏幕分成四块。

```
par(mfrow=c(2,2))
hist(rnorm(100));hist(rnorm(20));hist(rnorm(40));hist(rnorm(60))
par(mfrow=c(1,1))
```

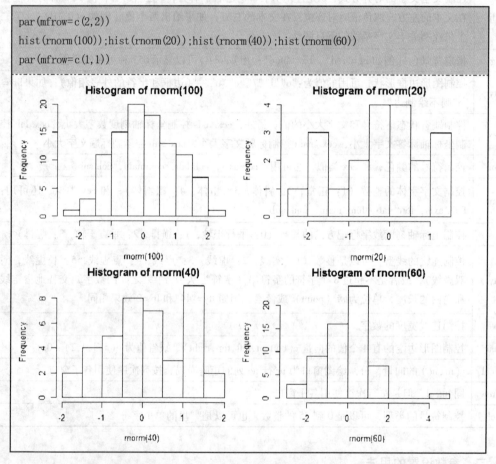

（2）功能更强大的 layout 函数，它可以设置图形绘制顺序和图形大小，可任意分割屏幕，layout(matrix(1:4,2,2))等价于 par(mfrow=c(2,2)) 或 par(mfcol=c(2,2))。

```
layout(matrix(c(1,1,1,2,3,4,2,3,4),nr=3,byrow=T))
hist(rnorm(100));hist(rnorm(20));hist(rnorm(40));hist(rnorm(60))
layout(1)
```

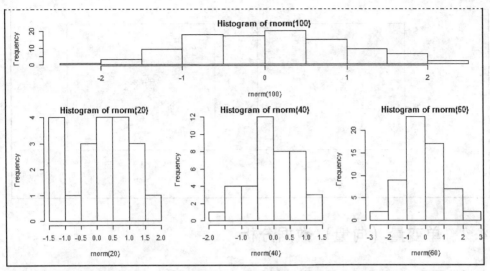

3. 设置图形边缘大小和字体参数

修改绘图参数命名为 par(mar=c(bottom,left,top,right)), bottom, left, top, right 四个参数分别是距离 bottom, left, top, right 的长度, 默认距离是 c(5,4,4,2)+0.1。或者修改绘图参数 par(mai=c(bottom,left,top,right)) 以英寸为单位来指定边际大小。cex 可改变图形的字体大小。

```
par(mfrow=c(1,2))              #绘制1行2列两个并列图
plot(X)
par(mar=c(4,4,2,1)+0.1,cex=0.75)   #修改边际和字体
plot(X)
par(mfrow=c(1,1))              #恢复为绘制1行1列单个图
```

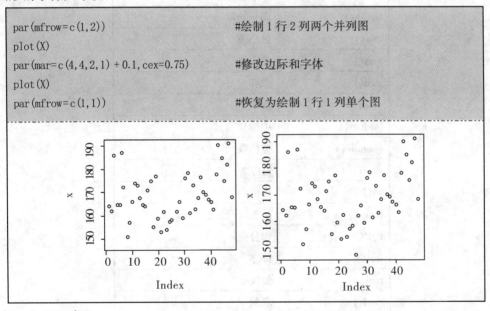

4. 加图例参数

绘制图形后, 使用 legend 函数, help ("legend")。

```
with(UG, {plot(height,weight);
    plot(height,weight,pch=as.numeric(region));
    legend(150,90,levels(region),pch=1:3,bty='n')
})
```

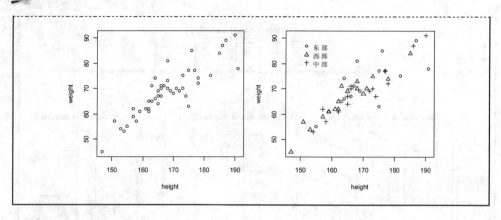

4.2   单变量（向量）数据分析

R 提供了很多对变量（向量）的分析函数，表 4 - 4 列出一些常用函数。

表 4 - 4   对变量（向量）运算常见统计函数表

函数	用途
table()	频数表
length()	向量长度
min()	最小值
max()	最大值
sum()	求和
mean()	均值
median()	中位数
quantile()	分位数
var()	方差
sd()	标准差
range()	极差（全矩）
IQR()	四分位数
sort()	排序
rank()	编秩
prod()	求积
summary()	综合统计量
cut()	分组函数

4.2.1   计数数据分析

统计学上把取值范围是有限个值的变量或由一个数列构成的变量称为离散变量，其中表示分类情况的离散变量又称为分类变量。对于分类数据我们可以用频数表分析，也可以用条图和饼图来描述。

一、分类频数表

频数表可以描述一个分类变量的数值分布概况。R 中的 table 命令可以生成频数表，使用很简单，如果 X 是分类数据，只要用 table(X) 就可以生成分类频数表。

```
T1=table(UG$region);T1
```

```
东部 西部 中部
16   17   15
```

这是分类变量来源地 region 的频数表，说明在 48 名学生中东部有 16 人，西部有 17 人，中部有 15 人。

二、分类条图

条图（barplot）的高度可以是频数或频率，图的形状看起来是一样，但是刻度不一样。R 画条图的命令是 barplot()。对分类数据作条图，需先对原始数据分组，否则作出的不是分类数据的条图。如果你觉得灰色不好看，还可以对条图修改颜色，比如可以分别改成红色、黄色、蓝色，见下图（前述图形均未设置编号）。

```
par(mfcol=c(1,2))
    barplot(T1,ylim=c(0,20))
    barplot(T1,ylim=c(0,20),col=c("red","yellow","blue"))
par(mfcol=c(1,1))
```

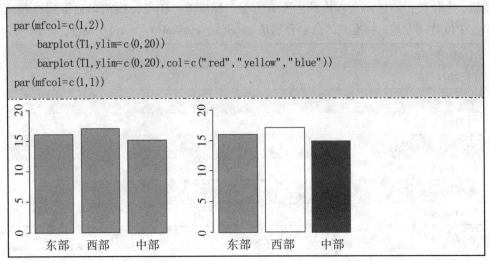

三、分类饼图

对分类数据还可以用饼图（pie graph）描述。饼图用于表示各类别的构成比情况，图形的总面积为 100%，以扇形面积的大小表示事物内部各组成部分所占的百分比。在 R 中作饼图也很简单，只要使用命令 pie() 就可以了，值得注意的是，像条图一样对原始数据作饼图前要先分组。下面继续利用上面的学生数据作饼图。

```
par(mfcol=c(1,3))
    pie(T1)                            #第一图
    pie(T1,col=c("red","yellow","blue"))   #第二图
    pct=round(T1/sum(T1)*100,1)
    lbs=paste(names(T1),pct,"%",sep="")
    pie(T1,lbs)                        #第三图
par(mfcol=c(1,1))
```

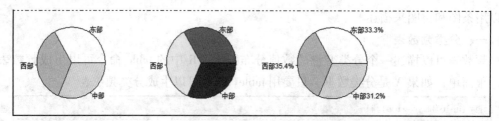

得到的结果是上图的第一个饼图，R 默认的分类标志是用 1、2、3 来表示的。我们可以在 R 里把这些分类标志改成文字，得到的结果见上图的第二个饼图，原来的 1、2、3 改成了相应的红色、黄色、蓝色。

在 R 语言里通过参数设置还可以对饼图的各个扇区的颜色、大小进行修改，比如上图的第三个饼图就是改变扇区颜色并增加数据的饼图。

4.2.2　计量数据分析

一、集中趋势和离散程度

对于数值型数据经常要分析其分布的集中趋势和离散程度，用来描述集中趋势的主要有均值、中位数；描述离散程度的主要有方差、标准差。R 可以很简单地得到这些结果，均值、中位数、方差、标准差的命令分别是 mean()、median()、var()、sd()。

sum(UG$height)
[1]8074
mean(UG$height)
[1]168.2
median(UG$height)
[1]166.5
var(UG$height)
[1]104.8
sd(UG$height)
[1]10.24

方差、标准差对异常值很敏感，这时我们可以用稳健的四分位间距（IQR）和平均差（mad）来描述离散程度。R 还提供了 quantile() 对数值数据五等分位数法和 summary() 求出分位数。

IQR(UG$height)
[1]13
mad(UG$height)
10.38
quantile(UG$height)
0%　25%　50%　75%　100%
147.0 162.0 166.5　175.0　191.0
summary(UG$height)

Min.	1st Qu.	Median	Mean	3rd Qu.	Max.
147	162	166	168	175	191

二、茎叶图 (Stem – and – Leaf Graph)

由于绘制直方图时需要先对数据进行分组汇总，因此对样本含量较小的情形，直方图会损失一部分信息，此时可以使用茎叶图来进行更精确的描述。茎叶图的形状与功能和直方图非常相似，但它是一种文本化的图形。R 里作茎叶图很简单，只要用函数 stem() 就可以了。下面以前面学生的个人信息为例作茎叶图：

```
stem(UG$height)

The decimal point is 1 digit(s) to the right of the |

14 | 7
15 | 134
15 | 577899
16 | 12223344
16 | 55566678889
17 | 012334
17 | 5567788
18 | 2
18 | 567
19 | 01
```

可以看出这些学生的身高主要集中在 160 厘米左右。和直方图相比，茎叶图在反映数据整体分布趋势的同时还能精确地反映出具体数值的大小，因此在分析小样本时优势非常明显，茎叶图分析在国外非常流行。从图中也可以看出，身高数据基本上是正态分布的。从图中同样可以看出，家庭收入显然不是正态分布的，而是一个偏态分布。

```
stem(UG$income)

The decimal point is 1 digit(s) to the right of the |

0 | 13334444561444555566667788
2 | 11245581134567
4 | 24688
6 | 39
8 |
10 | 6
12 |
14 | 8
```

三、数值分类函数

统计分析中经常碰到要对数值数据进行分组的情况，在 R 里可以用 cut() 函数对数值数据进行分组。例如，我们需要将平均成绩按 0 ~ 60，60 ~ 70，70 ~ 80，80 ~ 90，90 ~ 100 进行分组，并用 table() 函数整理成频数表形式。

```
score_c=cut(UG$score, breaks=c(0,60,70,80,90,100))    #临时变量
table(score_c)
```

score_c

(0,60]	(60,70]	(70,80]	(80,90]	(90,100]
4	15	18	8	3

很显然，上面的分组不符合常规要求，需右开口，设置 right=FALSE（默认 right=TRUE）。

```
score_c=cut(UG$score,breaks=c(0,60,70,80,90,100),right=FALSE)
table(score_c)
```

score_c

[0,60)	[60,70)	[70,80)	[80,90)	[90,100)
4	15	18	8	3

上面的输出结果中第二行表示各个分组区间，第三行表示每个分组区间的频数。从输出结果可知，分数不及格者有 4 位，90 分以上的有 3 位。

```
barplot(table(score_c),ylim=c(0,20))
barplot(table(score_c),ylim=c(0,20),col=2:6)
```

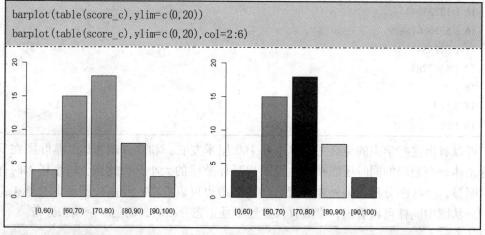

注意，这里形成的变量 score_c 是一个临时分组变量，并不出现在数据框 UG 中，如果需要写入数据框中为以后使用，需用下面的命令：

UG$score_c=cut(UG$score,breaks=c(0,60,70,80,90,100),right=FALSE)

四、直方图（Histogram）

直方图用于表示连续性变量的频数分布，实际应用中常用于考察变量的分布是否服从某种分布类型，如正态分布。图形以矩形的面积表示各组段的频数（或频率），各矩形的面积总和为总频数（或等于 1）。R 里用来作直方图的函数是 hist()，也可以用频率作直方图。在 R 里作频率直方图很简单，只要把 probability 参数设置为 T（默认为 F）就可以了。

例如对学生的家庭收入和身高数据作直方图。

```
hist(UG$income,ylim=c(0,30),main='')          #按频数绘制家庭收入直方图
hist(UG$income,prob=T,ylim=c(0,0.03),main='') #按频率绘制家庭收入直方图
lines(density(UG$income))                     #增加概率密度曲线
```

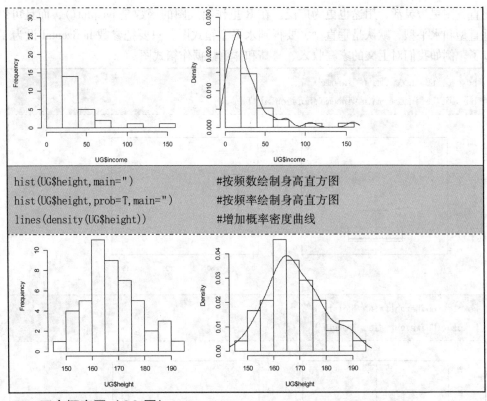

hist(UG$height,main=")	#按频数绘制身高直方图
hist(UG$height,prob=T,main=")	#按频率绘制身高直方图
lines(density(UG$height))	#增加概率密度曲线

五、正态概率图（QQ 图）

正态概率 QQ 图展示的是样本的累积频率分布与理论正态分布的累积概率分布之间的关系。它是由标准正态分布的分位数为横坐标，样本值为纵坐标的散点图。要利用 QQ 图鉴别样本数据是否近似于正态分布，只需看 QQ 图上的点是否近似地在一条直线附近，并且该直线的斜率为标准差，截距为均值。用 QQ 图还可获得样本偏度和峰度的粗略信息。如果图中各点为直线或接近直线，则样本的正态分布假设可以接受。

| qqnorm(UG$income);qqline(UG$income) | #家庭收入的正态概率 QQ 图 |
| qqnorm(UG$height);qqline(UG$height) | #身高的正态概率 QQ 图 |

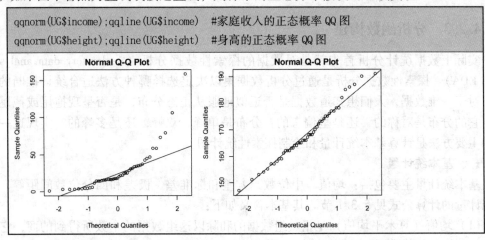

六、箱式图（Boxplot Graph）

箱式图和直方图一样是用于考察连续变量的分布情况，但它的功能和直方图并不重叠，直方图侧重于对一个连续变量的分布情况进行详细考察，而箱式图更注重于勾勒出统计的主要信息，并且便于对多个连续变量同时考察，或者对一个变量分组进行考察，在使用上要比直方图更为灵活，用途也更为广泛。在 R 里作箱式图的函数是 boxplot()，而且可以设置垂直型和水平型，默认是垂直型，要得到水平型箱式图，只要把参数 horizontal 设为 T 就可以了。例如我们对上文的家庭收入、身高和体重数据作箱式图。

```
boxplot(UG$income,main='income')
boxplot(UG$income,main='income',horizontal=T)
```

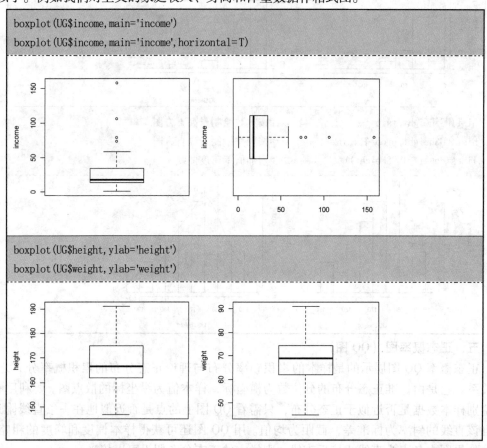

```
boxplot(UG$height,ylab='height')
boxplot(UG$weight,ylab='weight')
```

4.2.3　分析函数构建

实际上数据统计分析首先就是对数据的探索性数据分析（exploratory data analysis，简称 EDA）。探索性数据分析是通过分析数据集以决定选择哪种方法适合统计推断的过程。对于一维数据，人们想知道数据是否近似地服从正态分布，是否呈现拖尾或截尾分布？它的分布是对称的，还是呈偏态的？分布是单峰、双峰，还是多峰的？实现这一分析的主要方法是计算基本统计量和绘制探索性统计图。

一、基本统计量

基本统计量主要包括：均值、中位数、方差和标准差、极差和四分位数间距等，这些统计量的计算公式见 5.3.1 节。其基本含义如下：

（1）均值（算术平均值）是指一组数据的和除以这组数据的个数所得到的商，它反映一组数据的总体水平。

（2）中位数是一组数据按大小顺序排列，处于最中间位置的一个数据（或中间两个数据的平均值），它反映了一组数据的集中趋势。

（3）极差是一组数据中最大数据与最小数据的差，在统计中常用极差来刻画一组数据的离散程度。它反映的是变量分布的变异范围和离散幅度，在总体中任何两个单位的数值之差都不能超过极差。同时，它能体现一组数据波动的范围。

（4）方差是各个数据与均值之差的平方的平均数，它表示数据离散程度和数据的波动大小。

（5）标准差是方差的算术平方根。作用等同于方差，但单位与原数据单位是一致的。

方差或标准差是表示一组数据的波动性大小的指标，因此方差或标准差可以判断一组数据的稳定性：方差或标准差越大，数据越不稳定；方差或标准差越小，数据越稳定。

（6）四分位数间距（IQR）。

```r
Stat1<-function(x){        #自编计算基本统计量函数
    cat('n=', length(x),'\n')
    cat('min=', min(x),'\n')
    cat('max=', max(x),'\n')
    cat('mean=', mean(x),'\n')
    cat('sd=', sd(x),'\n')
    cat('median=', median(x),'\n')
    cat('IQR=', IQR(x),'\n')
}
Stat1(UG$height)
```

```
n=48
min=147,max=191
mean=168.2,sd=10.24
median=166.5,IQR=13
```

显然这个函数对结果的显示不够简练，我们可以编写一个更简化的形式。

```r
Stat2<-function(x){
    c(n=length(x),min=min(x),max=max(x),mean=mean(x),
    sd=sd(x),median=median(x),IQR=IQR(x))
}
Stat2(UG$height)
```

```
    n      min     max     mean     sd   median    IQR
48.00  147.00  191.00  168.21  10.24  166.50   13.00
```

当然这个函数也存在很大问题，例如它只能计算向量或变量数据，无法计算矩阵或数据框的数据，建议大家自己编一个计算矩阵或数据框的基本统计量函数。下面是我们编写的基于数据框的基本量计算函数。

```r
library(dstatR)          #使用前需安装包 dstatR
Stats(UG[,6:9])          #针对计量数据
```

	n	min	max	mean	sd	median	IQR
income	48	1.1	158	27.86	28.787	17.85	20.30
height	48	147.0	191	168.21	10.235	166.50	13.00
weight	48	45.0	91	68.96	9.636	69.00	12.25
score	48	46.8	96	73.21	10.465	74.00	13.57

二、探索性统计图

探索性数据分析的工具包括数据的图形表示和解释。主要的图形表示方法有（括号中为 R 语言绘图函数命令）：

（1）条图（barplot）：用于数据分类。

（2）直方图（hist）、点图（dotchart）、茎叶图（stem）：用于观察数值型分布的形状。

（3）箱式图（boxplot）：给出数值型分布的汇总数据，适用于不同分布的比较和拖尾、截尾分布的识别。

（4）正态概率 QQ 图（qqnorm）：用于观察数据是否近似地服从正态分布。

能否把上述各种图形用一个简单函数来实现呢？我们编制的 EDA 函数就能做到这一点。即将一些常用的进行探索性分析的图形函数整合建立一个拥有探索性数据分析的函数 EDA，来对数据进行全面探索性分析。函数 EDA 是我们自定义的用于进行变量探索性分析的图形函数，可在后面的分析中直接使用。

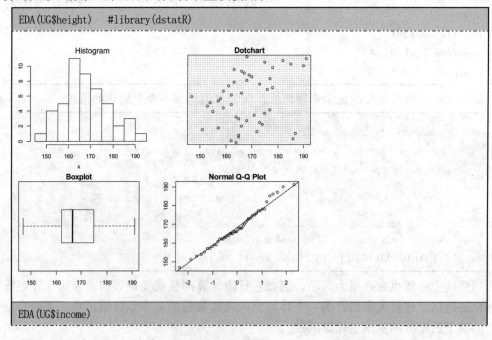

```
EDA(UG$height)    #library(dstatR)
```

```
EDA(UG$income)
```

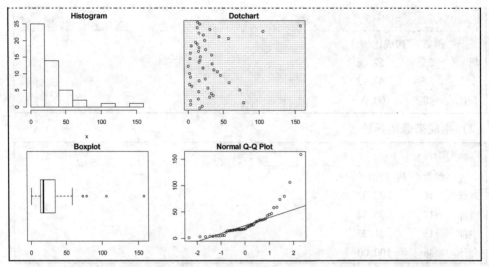

正如预料的那样，我们看到了家庭收入是一个严重偏态的分布。数据变换看来是必需的，为此我们可以试试对数变换。

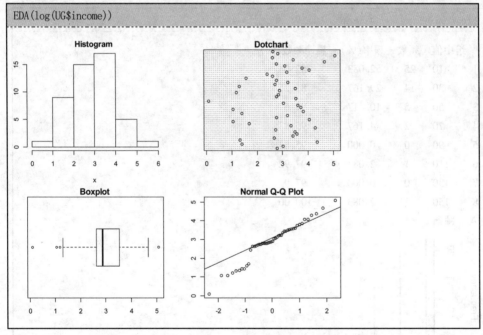

家庭收入经过对数变换后虽然还不完全是一个正态分布，但分布图基本上已经对称了，并可帮助我们更好地理解实际的分布（近似地服从对数正态分布）。对于此种数据须使用非参数统计的方法去分析，比如使用中位数或进行数据变换。

在实际中，我们经常需要生成频数表，在 R 语言中建立频数表的函数是非常简单的。

三、频数表构造函数

1. 构造计数频数表函数

（1）生成性别频数表：

Ftab(UG$sex)	#library(dstatR)	
	例数	构成比(%)
男	25	52.08
女	23	47.92
合计	48	100.00

（2）生成来源地频数表：

Ftab(UG$region)		
	例数	构成比(%)
东部	16	33.33
西部	17	35.42
中部	15	31.25
合计	48	100.00

2. 构造计量频数表函数

（1）生成家庭收入频数表：

Freq(UG$income)		#library(dstatR)		
	组中值	频数	频率(%)	累计频数(%)
1	10	25	52.083	52.08
2	30	14	29.167	81.25
3	50	5	10.417	91.67
4	70	2	4.167	95.83
5	90	0	0.000	95.83
6	110	1	2.083	97.92
7	130	0	0.000	97.92
8	150	1	2.083	100.00

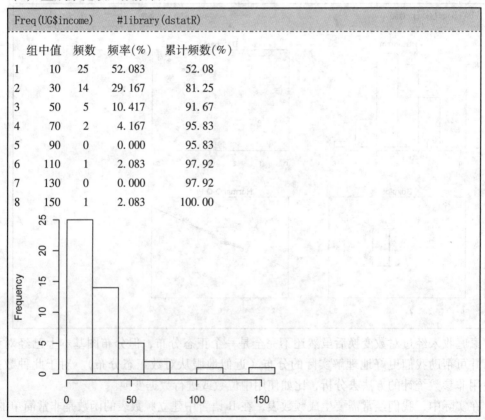

（2）生成身高频数表：

Freq(UG$height)			
	组中值	频数	频率(%)	累计频数(%)
1	147.5	1	2.083	2.083
2	152.5	4	8.333	10.417

3	157.5	5	10.417	20.833
4	162.5	11	22.917	43.750
5	167.5	9	18.750	62.500
6	172.5	7	14.583	77.083
7	177.5	5	10.417	87.500
8	182.5	2	4.167	91.667
9	187.5	3	6.250	97.917
10	192.5	1	2.083	100.000

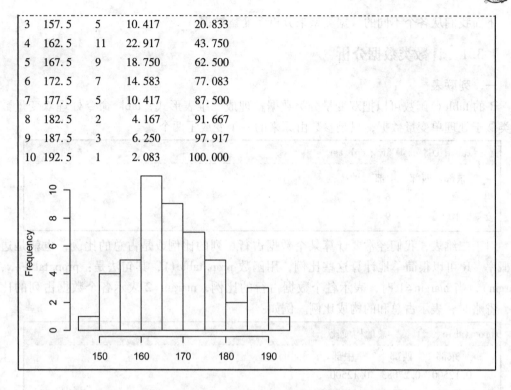

4.3   多变量（数据框）数据分析

首先说明，在4.2节提到的对变量（向量）分析函数在多变量（数据框）中基本上也可用，但结果是对整个数据框的，要对数据框中每列数据应用，通常需要应用类函数 apply。

R 提供了很多对多变量（矩阵或数据框）的分析函数，下面列出几个常用函数，见表4－5。

表4－5　对数据框（矩阵）运算常见统计函数表

函数	用途
dim()	维数
nrow()	行数
ncol()	列数
table()	列联表
addmarging()	列联表的边际和
prop.table()	列联表概率
xtabs()	列联表 table 的公式模式
ftable()	紧凑式列联表
summary()	综合统计
scale()	数据标准化
by()	分组统计
aggregate()	聚集统计量
apply()	应用函数

下面我们从各个不同的数据类型来分析多变量数据。

4.3.1 计数类数据分析

一、列联表

R 的 table() 函数可以把双变量分类数据整理成二维表形式，table 命令处理双变量数据类似于处理单变量数据，只是参数由原来的一个变成了两个。

```
tsr=table(UG$sex,UG$region);tsr
```

	东部	西部	中部
男	6	13	6
女	10	4	9

对于二维表，我们经常要计算某个数据占行、列的比例或是占总的比例，也就是边缘概率。R 可以很简单地计算这些比例，用函数 prop.table()，其句法是：prop.table(x, margin)，当 margin=1 时，表示各个数据占行的比例，margin=2 表示各个数据占列的比例，省略时，表示占总和的构成比例。例如：

```
prop.table(tsr)        #总的构成比
```

	东部	西部	中部
男	0.12500	0.27083	0.12500
女	0.20833	0.08333	0.18750

```
prop.table(tsr,1)      #按行构成比
```

	东部	西部	中部
男	0.2400	0.5200	0.2400
女	0.4348	0.1739	0.3913

```
prop.table(tsr,2)      #按列构成比
```

	东部	西部	中部
男	0.3750	0.7647	0.4000
女	0.6250	0.2353	0.6000

二、复式条图

条图用等宽直条的长短来表示相互独立的各指标数值大小，该指标可以是连续性变量的某汇总指标，也可以是分类变量的频数或构成比。各（组）直条间的间距应相等，其宽度一般与直条的宽度相等或为直条宽度的一半。R 作条图的函数是 barplot()，不过在作条图前需对数据进行分组。我们继续以上面的分类数据为例作条图（barplot），粗略分析变量的分布情况。

```
barplot(tsr,ylim=c(0,25),legend.text=levels(UG$sex))
barplot(tsr,ylim=c(0,20),beside=T,legend.text=levels(UG$sex))
```

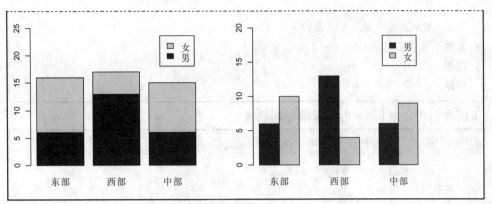

其中 beside 参数设置为 False 时，作出的图是分段式条图，True 时作出的条图是并列式，R 默认的是 False。参数 legend. text 表示为图添加图例说明。

前面介绍了用 table()函数生成一、二维表，其实 table()函数还可以生成多维表，假如存在 x，y，z 三个变量，table(x,y)则生成 x、y 二维表，table(x,y,z)生成每个 z 值关于 x、y 的二维表（由于计算机作三维及三维以上的表格不方便，因此就用这种方式显示，类似于多维数组显示方式）。

如果要对定量变量如家庭收入等进行计数统计分析，通常需要将家庭收入 income 分组，比如我们想将家庭收入按（0，5]、（5，50]、（50，200]分成"低收入""中等收入"以及"高收入"，可以用前面介绍过的一个非常有用的 cut 函数，并给分组变量赋予标签。

首先分析 income_c 变量的频数分组情况，然后再作 region 与 income_c 的二维表，最后作 sex、region 与 income_c 的三维表。

```
UG$income_c=cut(UG$income,breaks=c(0,5,50,200),
            labels=c("低收入","中等收入","高收入"))
table(UG$income_c)
```

低收入	中等收入	高收入
9	33	6

```
table(UG$region,UG$income_c)
```

	低收入	中等收入	高收入
东部	2	11	3
西部	4	13	0
中部	3	9	3

```
table(UG$region,UG$income_c,UG$sex)
```

，，=男

	低收入	中等收入	高收入
东部	0	5	1
西部	4	9	0
中部	1	3	2

，，=女

	低收入	中等收入	高收入
东部	2	6	2
西部	0	4	0
中部	2	6	1

下面我们用命令 ftable 形成紧凑型列联表。

```
ftable(UG$sex, UG$region, UG$income_c)
```

		低收入	中等收入	高收入
男	东部	0	5	1
	西部	4	9	0
	中部	1	3	2
女	东部	2	6	2
	西部	0	4	0
	中部	2	6	1

多变量数据统计分析中经常用到复式条图，复式条图是指两个或两个以上小直条组成的条图。与简单型条图相比，复式条图多考察了一个分组因素，常用于考察比较两组研究对象的某观察指标。作复式条图之前应先对数值数据进行分组，然后用 table() 函数作频数表。作复式条图的函数是 barplot()，R 默认的是分段式条图，要作并列式复式条图，要设置参数 beside = TRUE。例如：

```
attach(UG)
    barplot(table(region, income_c), legend.text=levels(region))
    barplot(table(region, income_c), beside=T, legend.text=levels(region))
detach(UG)
```

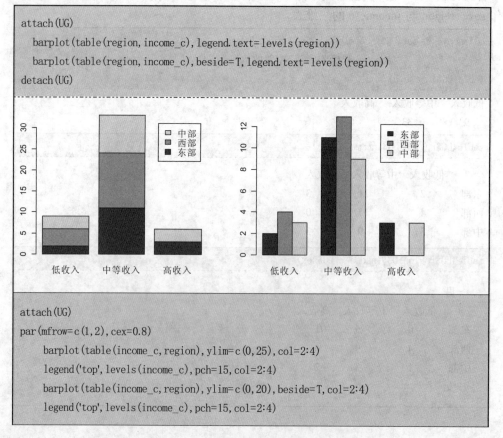

```
attach(UG)
par(mfrow=c(1,2), cex=0.8)
    barplot(table(income_c, region), ylim=c(0,25), col=2:4)
    legend('top', levels(income_c), pch=15, col=2:4)
    barplot(table(income_c, region), ylim=c(0,20), beside=T, col=2:4)
    legend('top', levels(income_c), pch=15, col=2:4)
```

```
par(mfrow=c(1,1))
detach(UG)
```

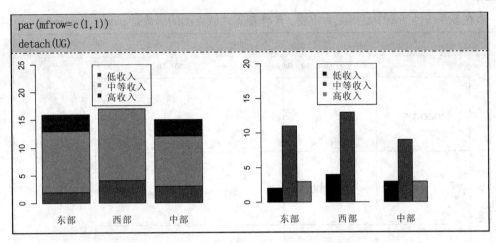

4.3.2 计量类数据分析

比较两个数值变量的方法有很多，我们可以从不同角度去比较，比如对两个独立的数值变量，也可以比较它们的分布是否相同，还可以分析它们是否存在着某种相关关系、回归关系等。

一、双变量散点图

简单分析两个数值变量的关系，经常使用散点图，在 R 里画散点图非常简单，只要用 plot() 函数就可以了。

```
plot(UG$height,UG$weight)   #plot(weight~ height,data=UG)
```

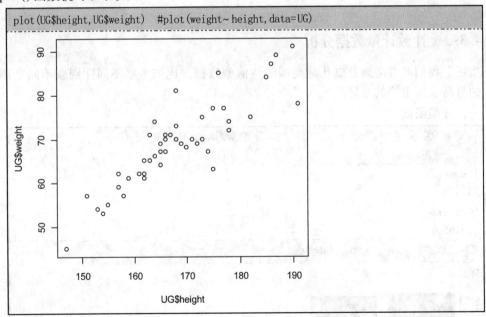

从图中可以看出身高和体重两者之间有较强的线性相关关系。

命令 plot(UG$height,UG$weight) 等价于 plot(weight~height,data=UG)，建议用模型形式呈现的后者。

二、多变量散点图

当同时考察三个或三个以上的数值变量间的相关关系时，若一一绘制它们之间的简单散点图，十分麻烦。利用矩阵式散点图比较合适，这样可以快速发现多个变量间的主要相关性，这一点在多元线性回归中显得尤为重要。R 作矩阵式散点图的函数是 plot()或 pairs()。

```
pairs(UG[,c("income","height","weight","score")],gap=0)    #plot
```

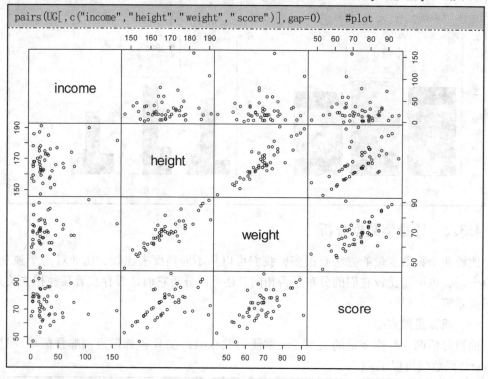

4.3.3 计数计量数据分析

实际上我们经常碰到分成几种类型的数值型数据，比如考察不同性别或不同来源地学生的身高、体重等的差异。

一、分组函数

```
bism=by(UG$height,UG$sex,mean)    #按性别分类求身高的均值
bism
```

```
UG$sex:男
[1]170.6
UG$sex:女
[1]165.6
```

```
barplot(bism,ylim=c(0,200),col=1:2)
```

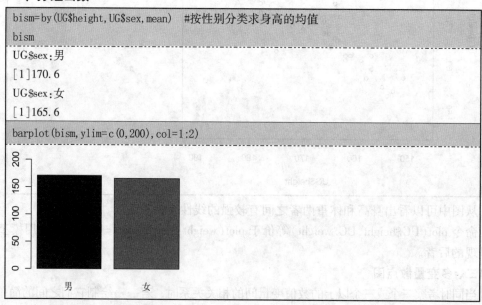

可以用箱式图粗略比较两组数据之间的关系。在上一章已经讨论了在 R 中如何作单变量数据箱式图，对这种双变量数据作箱式图类似于单变量数据：

（1）按性别分类求身高的基本统计量：

```
by(UG$height, UG$sex, summary)
```

UG$sex：男

Min.	1st Qu.	Median	Mean	3rd Qu.	Max.
147	162	173	171	178	191

UG$sex：女

Min.	1st Qu.	Median	Mean	3rd Qu.	Max.
154	162	165	166	168	185

（2）按性别分类求身高的箱式图：

```
boxplot(height~sex, data=UG)
boxplot(height~sex, data=UG, notch=T, col=1:2)
```

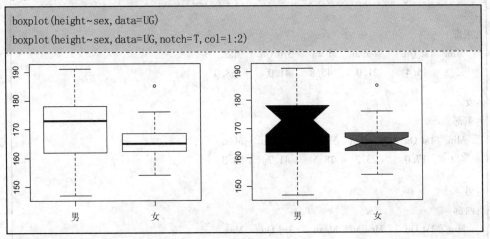

（3）按来源地分类求家庭收入的基本统计量：

```
by(UG$income, UG$region, summary)
```

UG$region：东部

Min.	1st Qu.	Median	Mean	3rd Qu.	Max.
4.1	16.2	23.2	35.0	44.8	158.0

UG$region：西部

Min.	1st Qu.	Median	Mean	3rd Qu.	Max.
1.1	5.5	16.1	17.5	25.3	42.1

UG$region：中部

Min.	1st Qu.	Median	Mean	3rd Qu.	Max.
2.9	14.6	21.4	32.0	34.0	106.0

（4）按来源地分类求家庭收入的箱式图：

```
boxplot(income~region, data=UG)
boxplot(income~region, data=UG, horizontal=T)
```

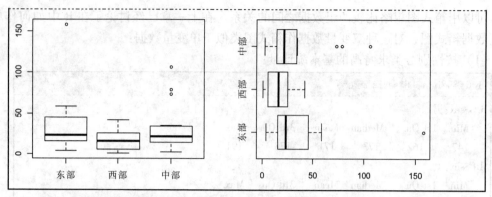

（5）按性别和来源地分类求家庭收入的基本统计量：

```
by(UG$income,list(UG$sex,UG$region),summary)
```

: 男
: 东部

Min.	1st Qu.	Median	Mean	3rd Qu.	Max.
13.8	15.4	21.0	45.8	41.0	158.0

: 女
: 东部

Min.	1st Qu.	Median	Mean	3rd Qu.	Max.
4.1	17.0	23.2	28.5	41.7	58.3

: 男
: 西部

Min.	1st Qu.	Median	Mean	3rd Qu.	Max.
1.1	3.8	16.1	17.3	25.3	42.1

: 女
: 西部

Min.	1st Qu.	Median	Mean	3rd Qu.	Max.
11.2	13.4	15.2	18.2	20.0	31.4

: 男
: 中部

Min.	1st Qu.	Median	Mean	3rd Qu.	Max.
4.1	14.3	15.8	38.1	58.8	106.0

: 女
: 中部

Min.	1st Qu.	Median	Mean	3rd Qu.	Max.
2.9	17.5	28.3	27.9	33.3	78.8

（6）按性别和来源地分类求家庭收入的箱式图：

```
boxplot(income~sex+region, data=UG)
```

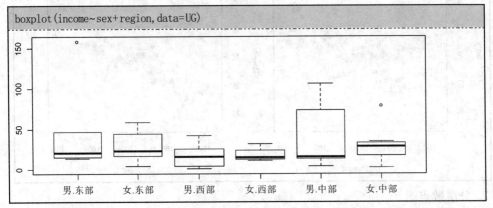

二、点带图函数

箱式图经常用来比较各变量的分布情况，尤其是当每个变量都有很多的观察值时，点带图也可以用来比较各变量的分布情况，但主要用在样本观察值比较少时。R 作点带图的函数是 stripchart()，对于双变量数据，其用法是 stripchart（$z \sim t$），z 变量在 t 变量上的分布情况，不同的是这里 z 变量刻度在 x 轴上，而 t 变量刻度在 y 轴上。

```
stripchart(height~sex, data=UG, pch=19)
stripchart(height~region, data=UG, pch=19)
```

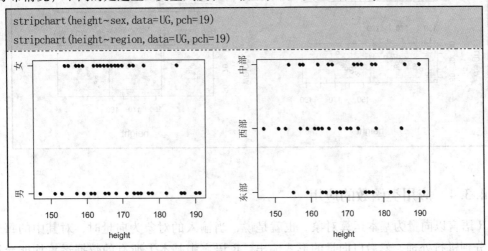

三、分组散点图

1. 重叠散点图

有时出于研究需要，需将两个变量或多组两个变量的散点图按某一分组变量绘制在同一个图中，这样可以更好地比较它们之间的相关关系，这时就可以绘制重叠散点图。

```
plot(UG$height, UG$weight);text(UG$height, UG$weight, col=1:2, adj=-0.5, cex=0.75)
plot(UG$height, UG$weight);text(UG$height, UG$weight, UG$sex, adj=-0.5, cex=0.75)
```

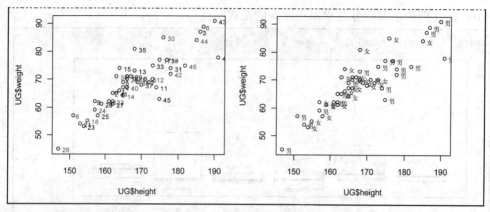

2. 分层散点图

```
coplot(weight~height |sex,data=UG)
coplot(weight~height |region,data=UG,rows=1)
```

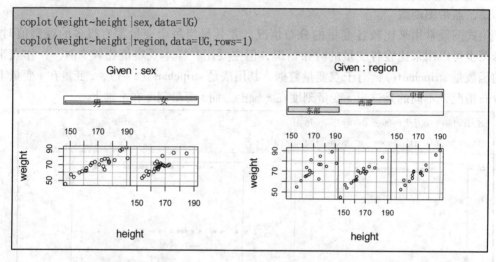

4.3.4 应用类函数的应用

R 语言以向量为基本运算对象。也就是说，当输入的对象为向量时，对其中的每个元素分别进行处理，然后以向量的形式输出。R 语言中基本上所有的数据运算均能允许向量操作。不仅如此，R 还包含了许多高效的向量运算函数，这也是它不同于其他软件的一个显著特征。向量化运算的好处在于避免对数据框类数据使用循环计算，使代码更为简洁、高效和易于理解。本文对 apply 族函数作一个简单的归纳，以便于大家理解其中各函数的区别所在。

apply 族函数包括了 apply、sapply、lapply、tapply 等函数，这些函数在不同的情况下能高效地完成复杂的数据处理任务，但角色定位又有所不同。

一、矩阵应用函数

apply()函数的处理对象是数据框（矩阵）或数组，它逐行或逐列地处理数据，其输出的结果是一个向量或是矩阵。下面的例子是对数据框 UG 的每一列求均值。

```
UG1=UG[,6:9]        #取出计量数据
apply(UG1,2,mean)
```

income	height	weight	score
27.86	168.21	68.96	73.21

二、列表应用函数

lapply() 的处理对象是向量、列表或其他对象，它将向量中的每个元素作为参数，输入到处理函数中，最后生成结果的格式为列表。在 R 中数据框是一种特殊的列表，所以数据框的列也将作为函数的处理对象。下面的例子即对一个数据框按列来计算其中位数与标准差。

```
lapply(UG1,function(x) list(mean=mean(x),sd=sd(x)))
$income
$income$mean
[1]27.86
$income$sd
[1]28.79

$height
$height$mean
[1]168.2
$height$sd
[1]10.24

$weight
$weight$mean
[1]68.96
$weight$sd
[1]9.636

$score
$score$mean
[1]73.21
$score$sd
[1]10.46
```

sapply() 可能是使用最为频繁的向量化函数了，它和 lapply() 非常相似，但其输出格式则是较为友好的矩阵格式。

```
sapply(UG1,function(x) list(mean=mean(x),sd=sd(x)))
```

	income	height	weight	score
mean	27.86	168.2	68.96	73.21
sd	28.79	10.24	9.636	10.46

三、分组应用函数

tapply() 的功能则有所不同，它是专门用来处理分组数据的，其参数要比 sapply 多一个。其输出结果是数组格式。

```
tapply(UG$height, INDEX=UG$sex, FUN=mean)

 男    女
170.6 165.6
```

四、聚集应用函数

与 tapply() 的功能非常相似的还有 aggregate()，其输出是更为友好的数据框格式。by() 的功能也和前面两个函数类似。

```
aggregate(UG1, by=list(UG$sex), FUN=mean)
```

Group.1		income	height	weight	score
1	男	29.14	170.6	70.00	74.35
2	女	26.47	165.6	67.83	71.97

```
aggregate(UG1, by=list(sex=UG$sex, region=UG$region), FUN=mean)
```

	sex	region	income	height	weight	score
1	男	东部	45.83	181.2	76.50	77.75
2	女	东部	28.48	165.1	69.40	66.58
3	男	西部	17.32	162.1	63.54	71.80
4	女	西部	18.25	171.5	73.25	82.67
5	男	中部	38.07	178.5	77.50	76.48
6	女	中部	27.89	163.6	63.67	73.21

练习题

1. 续第 2 章练习题 3 数据。

（1）请用 table 函数统计男女人数，用 barplot 绘制条图，并按颜色区分男女。

（2）请用 Ftab 生成频数表和频数图。

2. 对一组 50 人的饮酒者所饮酒类进行调查，把饮酒者按红酒（1），白酒（2），黄酒（3），啤酒（4）分成四类。调查数据如下：

3，4，1，1，3，4，3，3，1，3，2，1，2，1，3，4，1，1，3，4，3，3，1，3，2，1，2，1，2，3，2，3，1，1，1，1，4，3，1，2，3，2，3，1，1，1，1，4，3，1

（1）请用 table 函数统计饮酒人数，用 pie 绘制饼图，并按颜色和文字区分酒的类型。

（2）请用 table 函数构建一个计数频数表函数。

（3）请用 Ftab 生成频数表和频数图，并对 Ftab 函数进行改进，以绘制不同色彩的条图。

3. 续第 2 章习题 2 数据。

（1）试用 mean、median、Var、sd 函数分别求数据的均值、中位数、方差、标准差。

（2）绘制该数据的散点图和直方图，应用 hist 函数构建一个计量频数表函数。

（3）请用 Freq 生成频数表和频数图。

4. 收集某沿海发达城市 2016 年 66 个年薪超过 10 万元的公司经理的收入（单位：

万元）：11，19，14，22，14，28，13，81，12，43，11，16，31，16，23，42，22，26，17，22，13，27，108，16，43，82，14，11，51，76，28，66，29，14，14，65，37，16，37，35，39，27，14，17，13，38，28，40，85，32，25，26，16，120，54，40，18，27，16，14，33，29，77，50，19，34。

（1）除了这些你梦寐以求的工作外，我们能对这些薪酬的分布状况作何分析？

（2）试用编写计算基本统计量的函数来分析数据的集中趋势和离散程度。

（3）试分析为何该数据的均值和中位数差别如此之大，方差、标准差在此有何作用？如何正确分析该数据的集中趋势和离散程度？

（4）绘制该数据的散点图和直方图。

（5）请用 Freq 生成频数表和频数图。

5. 续第 3 章习题 3 数据。

（1）请用 Ftab 生成地区、性别、受教育程度、观点的频数表和频数图。

（2）请用 Stats 函数计算年龄、月收入和月支出基本统计量。

（3）请用 EDA 函数绘制年龄、月收入和月支出探索性统计图。

（4）请用 Freq 生成年龄、月收入和月支出的频数表和频数图。

（5）请对该数据进行多个变量的联合分析（参照 4.3 节）。

5 随机变量及其分布

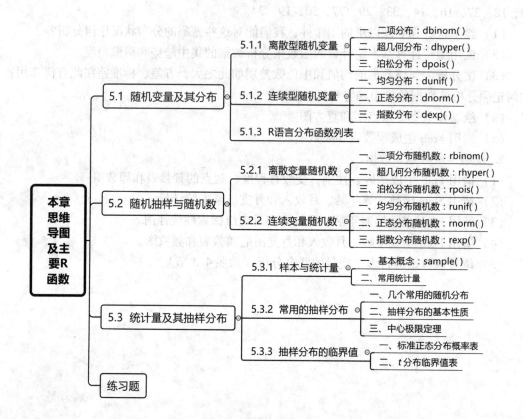

前面我们介绍了具体的数据变量，如果需要进一步对这些变量进行统计推断，如参数估计和假设检验等，我们就得研究这些变量的大样本性质，即这些变量的概率分布。

概率分布对现实世界的过程建模和分析十分有用。有时，理论分布与收集到的某过程的历史数据十分贴近。有时，可以对某过程的基本特性先作判断，不需要收集数据就可以观察出一个合适的理论分布。在此两种情况下，均可用数学公式描述的理论分布来回答现实过程中所表现出来的问题，或者从分布中生成一些随机数来模拟现实过程的行为。

5.1 随机变量及其分布

概率分布是应用建模和分析的重要工具，掌握几种常用的离散型和连续型概率分布是学好统计学的理论基础。在统计学中，抽样是一种推论统计方法，它是指从目标总体中抽取一部分个体作为样本，通过观察样本的某一或某些属性，依据所获得的数据对总体的数量特征得出具有一定可靠性的估计判断，从而达到对总体的认识。

区分连续概率分布与不连续概率分布是十分重要的，不连续分布就是离散的结果，通常是用几个不同的整数值来描述一个随机过程。例如一个推销员打 6 个电话，每个电话可能成功或失败，这一随机过程的可能结果为 0，1，2，3，4，5 和 6，此不连续概率就是这七个值及其概率的列表。此处所讨论的二项分布是一个不连续分布的示例。

连续概率分布是用连续值的结果，即用一定范围内的实数来描述随机过程。因为从理论上讲，任意两实数之间有无穷多个实数，所以任一特定值的概率均为零。对于连续概率分布，必须把概率同一定范围的值相联系，而不是单个特定的值。连续分布概率通常用概率密度函数描述，指定范围内的值对应的密度函数下的区域叫概率。例如从生产线上下来的标定为 1 磅的罐头的不确定的重量。受测量仪器的精度限制，可能的重量实际上是一无限的数字，所以用连续分布较合适。

随机变量及其分布虽然不是我们进行数据处理的重点，但通过这些学习可以使我们进一步掌握 R 语言的编程技巧，为下一步的数据分析打下基础。

用来表示随机现象结果的变量称为随机变量。常见的随机变量分为两类：①离散型随机变量；②连续型随机变量。

5.1.1 离散型随机变量

一、二项分布

（1）定义：考察同个随机试验组成的随机现象。

1）重复进行 n 次随机试验；

2）n 次试验间相互独立；

3）每次试验仅有两个可能的结果；

4）每次试验中成功的概率均为 p。

在上述四个条件满足的前提下，设 X 表示 n 次独立试验中成功出现的次数，则 X 服从二项分布 $b(n,p)$。

（2）分布形式：

$$P(X=x)=\binom{n}{x}p^{x}(1-p)^{n-x}，X=0，1，\cdots，n$$

（3）均值：$E(X)=np$。

（4）方差：$Var(X)=np(1-p)$。

（5）标准差：$\sigma=\sqrt{np(1-p)}$。

```
n=20; p=0.5; x=1:5
P=dbinom(x,n,p)    #P=choose(n,x)*p^x*(1-p)^(n-x)
plot(x,P,'h')
```

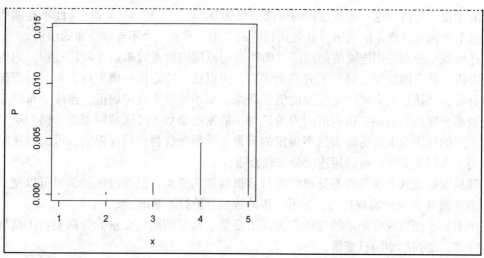

二、超几何分布

（1）定义：N 个产品中有 M 个不合格品，从中随机不放回地抽取 n 个，其中不合格品数 X 服从超几何分布 $h(n, N, M)$

$$P(X = x) = \frac{\binom{M}{x}\binom{N-M}{n-x}}{\binom{N}{n}}, \quad x = 0, 1, \cdots, r, \quad r = \min(n, M)$$

（2）均值：$E(X) = \dfrac{nM}{N}$。

（3）方差：$Var(X) = \dfrac{n(N-n)}{N-1} \cdot \dfrac{M}{N}\left(1 - \dfrac{M}{N}\right)$。

```
N=100; M=5; n=10; x=1:5
P=choose(M, x)* choose(N-M, n-x)/choose(N, n)
plot(x, P, 'h')
```

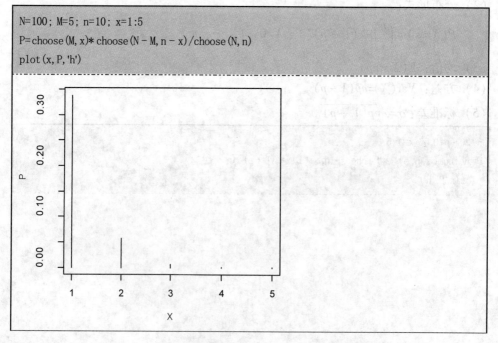

```
m=10；n=7；k=8
x=0:(k + 1)
px=phyper(x, m, n, k)
dx=dhyper(x, m, n, k)
cbind(px, dx)
```

	px	dx
[1,]	0.0000000	0.0000000
[2,]	0.0004114	0.0004114
[3,]	0.0133690	0.0129576
[4,]	0.1170300	0.1036610
[5,]	0.4193747	0.3023447
[6,]	0.7821884	0.3628137
[7,]	0.9635952	0.1814068
[8,]	0.9981489	0.0345537
[9,]	1.0000000	0.0018511
[10,]	1.0000000	0.0000000

三、泊松分布

（1）泊松分布可用来描述不少随机变量的概率分布。例如：

1）在一定时间内，电话总站接错电话的次数；

2）在一定时间内，某操作系统发生的故障数；

3）一个铸件上的缺陷数；

4）一平方米玻璃上气泡的个数；

5）一件产品被摩擦留下的痕迹个数；

6）一页书上的错字个数。

定义：若 λ 表示某特定单位内的平均值（$\lambda > 0$），又令 X 表示某特定单位内出现的点数，则 X 取 x 值的概率为

$$P(X = x) = \frac{\lambda^x}{x!} e^{-\lambda}, \ x = 0,1,2,\cdots$$

的分布称为泊松分布 $P(\lambda)$。

（2）均值：$E(X) = \lambda$。

（3）方差：$Var(X) = \lambda$。

（4）标准差：$\sigma = \sqrt{\lambda}$。

```
x=0:5；lambda=6
P=dpois(x, lambda)   #lambda^x*exp(-lambda)/factorial(x)
plot(x, P, 'h')
```

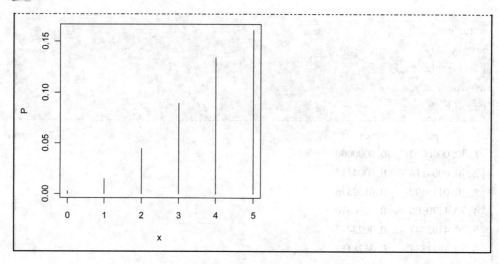

5.1.2 连续型随机变量

一、均匀分布

这里"均匀"是指随机点落在区间（a，b）内任一点的机会是均等的，从而在相等的小区间上的概率相等。

（1）在任一区间（a，b）上，随机变量 X 的概率密度函数为一常数。

$$y=p(x)=1/(b-a) \qquad a<x<b$$

（2）分布函数：均匀分布含有两个参数 a 和 b，记为 $U(a,b)$。

（3）均值：$E(X)=\int_{-\infty}^{\infty}xp(x)\,\mathrm{d}x=\dfrac{a+b}{2}$。

（4）方差：$Var(X)=\dfrac{(b-a)^2}{12}$。

```
x=0:1; y=dunif(x)
plot(x,y,type='h',lty=3); lines(x,y))
```

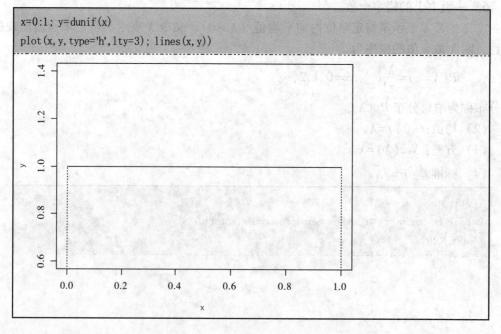

二、正态分布

正态分布是古典统计学的核心，它有两个参数，位置参数均值 μ，尺度参数标准差 σ。正态分布的图形如倒立的钟形，对称分布。现实生活中，很多分布服从正态分布，比如人类的智商 IQ，大致服从均值为 100，标准差为 16 的正态分布。

（1）密度函数：正态分布的概率密度函数有如下形式：

$$p(x) = \frac{1}{\sqrt{2\pi}\sigma} e^{-\frac{(x-\mu)^2}{2\sigma^2}} \ , \ -\infty < x < \infty$$

它的图形是对称的钟形曲线，常称为正态曲线。

（2）分布函数：正态分布含有两个参数 μ 和 σ，记为 $N(\mu, \sigma^2)$。

（3）均值：$E(X) = \mu$。

（4）方差：$\mathrm{Var}(X) = \sigma^2$。

（5）标准差：σ。

所有的正态分布可以通过标准化成均值为 0，标准差为 1 的标准正态分布。标准正态分布概率密度函数为 $y = p(x) = \dfrac{1}{\sqrt{2\pi}} e^{-x^2/2}$。

```
x=seq(-4,4,0.1)
y=dnorm(x)              #1/sqrt(2*pi)*exp(-x^2/2)
plot(x,y,type='l')
```

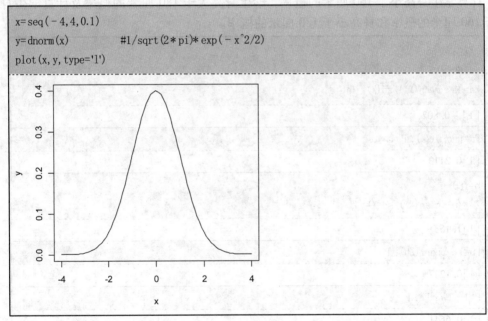

（1）分布形式：

$\mu=0$ 且 $\sigma=1$ 的正态分布称为标准正态分布，记为 $N(0,1)$。

（2）α 分位数：

标准正态分布的 α 分位数是这样一个数，它的左侧面积恰好为 α，它的右侧面积恰好为 $1-\alpha$，分位数 Z_α 是满足下列等式的实数：

$$P(Z \leqslant Z_\alpha) = \alpha \ , \ \text{且有} \ Z_{0.5} = 0, \ Z_\alpha = -Z_{1-\alpha}$$

（3）计算公式：

设标准正态随机变量记为 Z，则 $P(Z \leqslant z) = \Phi(z)$，$\Phi()$ 为标准正态分布，于是有：

　　①$P(Z > a) = 1 - \Phi(a)$　　　②$P(a \leqslant Z \leqslant b) = \Phi(b) - \Phi(a)$

③$\Phi(-a) = 1 - \Phi(a)$ ④$P(|Z| \leqslant a) = 2\Phi(a) - 1$

求标准正态分布 $P(x \leqslant 2)$ 的累积概率。

```
P=pnorm(2);P
```
```
[1]0.9772499
```

已知标准正态分布累积概率为 $P(x \leqslant \alpha) = 0.95$，求对应的分位数 α。

```
α=qnorm(0.95);α
```
```
[1]1.644854
```

（4）正态概率的计算公式：

在一般正态分布场合，不能直接用 $P(X < a)$ 和 $P(X > b)$ 取等号的正态概率，分别将 Z 变换后再查标准正态分布表才能获得。Z 变换是指：

对 a，$Z_a = \dfrac{a - \mu}{\sigma}$；对 b，$Z_b = \dfrac{b - \mu}{\sigma}$。

在上述 Z 变换下，$P_a = P(X < a) = \Phi(Z_a)$，$P_b = P(X > b) = 1 - \Phi(Z_b)$，$P = P(a < X < b) = 1 - P_a - P_b$。

计算学生身高小于 160 厘米的概率，学生身高大于 180 厘米的概率及计算学生身高大于 160 厘米的概率和身高小于 180 厘米的概率。

```
X=UG$height
a=160
Za=(a-mean(X))/sd(X); Za
```
```
[1]-0.802
```
```
Pa=pnorm(Za); Pa
```
```
[1]0.2113
```
```
b=180
Zb=(b-mean(X))/sd(X); Zb
```
```
[1]1.153
```
```
Pb=1-pnorm(Zb); Pb
```
```
[1]0.1247
```
```
P=1-Pa-Pb; P
```
```
[1]0.6641
```

三、指数分布

符合下述密度函数 $y = p(x) = \begin{cases} ae^{-ax}, & x \geqslant 0 \\ 0, & x < 0 \end{cases}$ 的分布称为指数分布。

指数分布是统计分布中非常重要的一个分布，比如可以用来描述电子产品的寿命，一个灯泡的平均寿命是 2 500 小时，我们可以认为这个灯泡的寿命服从均值为 2 500 的指数分布。如果一个变量 x 服从指数分布，记为 $x \sim \exp(\lambda)$，其中 λ 等于均值的倒数。

```
x=0:50
y=dexp(x,0.3)   #0.3*exp(-0.3*x)
plot(x,y,type='l')
```

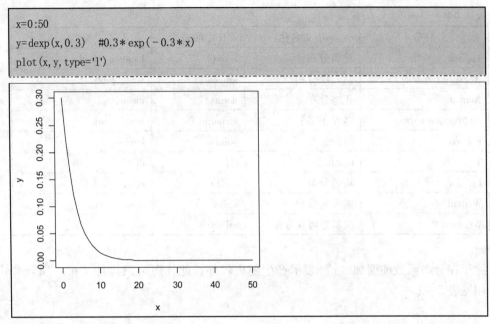

指数分布有重要应用，例如：

（1）设备的维修时间 X 常服从指数分布。很多设备故障在短时间内可修复，少数故障需要较长时间修复，个别故障需要相当长时间才可修复。

（2）排队等候服务（如等候付款等）服从指数分布。

（3）一次电话的通话时间服从指数分布。

（4）某些电子元器件的寿命、某些设备的使用寿命以及某些系统（如发电系统、通信系统等）的寿命也都服从指数分布。

5.1.3 R 语言分布函数列表

除了上面介绍的几种分布的随机数，还可以生成 poisson 分布、t 分布和 F 分布等分布的随机数，只要在相应的分布名前加"r"即可，在此不一一赘述，把常见分布函数归纳为表5-1，供读者参考。

表 5 - 1 常见分布函数表

分布	中文名称	R 中的表达	参数
Beta	贝塔分布	beta()	shape1、shape2
Binomial	二项分布	binom()	size、prob
Cauchy	柯西分布	cauchy()	location、scale
Chi – square	卡方分布	chisq()	df
Exponential	指数分布	exp()	lamda
F	F 分布	f()	df1、df2
Gamma	伽马分布	gamma()	Shape、rate
Geometric	几何分布	geom()	prob
Hypergeometric	超几何分布	hyper()	m、n、k

（续上表）

分布	中文名称	R 中的表达	参数
Logistic	逻辑分布	logis()	location、scale
Negative binomial	负二项分布	nbinom()	size、prob
Normal	正态分布	norm()	mean、sd
Multivariate normal	多元正态分布	mvnorm()	mean、cov
Poisson	泊松分布	pois()	lambda
T	t 分布	t()	df
Uniform	均匀分布	unif()	min、max
Weibull	威布儿分布	weibull()	shape、scale
Wilcoxon	威尔考可森分布	wilcox()	m、n

除了在分布函数前面加"r"表示产生随机数外，此外还可以再加"p""q""d"，其作用见表5-2。

表5-2　与分布相关的函数及代号

函数代号	函数作用
r-	生成相应分布的随机数
d-	生成相应分布的密度函数
p-	生成相应分布的累积概率密度函数
q-	生成相应分布的分位数函数

例如：dnorm 表示正态分布密度函数；pnorm 表示正态分布累积概率密度函数；qnorm 表示正态分布分位数函数（即正态累积概率密度函数的逆函数）。

下面我们仍然以标准正态分布 $N(0,1)$ 随机变量为例来说明这几类函数的使用方法。

```
x=rnorm(10); x            #生成 10 个标准正态分布随机数
[1] -0.58204  0.04606  0.96016  -0.68698  -0.35504…

y0=dnorm(0);y0            # y0=1/sqrt(2*pi)* exp(0)
[1]0.3989

y1=dnorm(1);y1            #y1=1/sqrt(2*pi*exp(1))
[1]0.242

p1=pnorm(-1.96);p1
[1]0.025

p2=pnorm(1.96);p2
[1]0.975

q1=qnorm(0.05);q1
[1]-1.645
```

```
q2=qnorm(0.95);q2
```
```
[1]1.645
```

5.2　随机抽样与随机数

5.2.1　离散变量随机数

一、二项分布随机数

生成二项分布随机数的函数是 rbinom( )，其句法是：rbinom(n, size, prob)，n 表示生成的随机数数量，size 表示进行贝努力试验的次数，prob 表示一次贝努力试验成功的概率。

首先，我们生成二点分布（一次贝努力试验）的随机数。

```
rbinom(10,1,0.5)   #生成 10 个服从 B(1,0.5)的二点分布随机数
```
```
[1]0 0 0 1 0 0 1 1 0 1
```
```
rbinom(10,5,0.35)   #生成 10 个服从 B(5,0.35)的二项分布随机数
```
```
[1]1 3 3 2 1 2 3 2 1 2
```

二项分布是离散分布，但随着试验次数 n 的增加，二项分布越来越接近于正态分布。下面将分别产生 100 个样本含量 n 为 10、20、50，概率 p 为 0.25 的二项分布随机数。

```
par(mfrow=c(1,3))
p=0.25
for(n in c(10,20,50)){
    x=rbinom(100,n,p)
    hist(x,prob=T,main=paste("n=",n))
    xn=0:n
    points(xn,dbinom(xn,n,p),type="h",lwd=3)
}
par(mfrow=c(1,1))
```

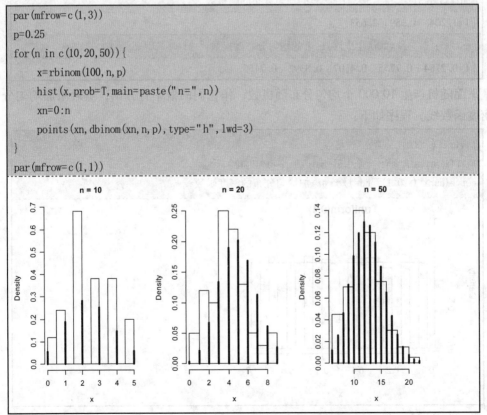

从图中可以看出，随着实验次数 n 的增大，二项分布越来越接近于正态分布。

二、超几何分布随机数

生成超几何分布随机数的函数是 rhyper( )，其句法是：rhyper(x,m,n,k)。

```
rhyper(15,10,5,3)    #生成 15 个超几何分布随机数
```
```
[1]3 1 2 2 3 1 2 3 1 2 2 3 2 1 2
```

三、泊松分布随机数

生成泊松分布随机数的函数是 rpois，其句法是：rpois($x,$lambda)。

```
rpois(10,lambda=4)   #生成均值为 4 的 10 个泊松分布随机数
```
```
[1]7 7 4 4 5 5 2 5 5 2
```

5.2.2　连续变量随机数

一、均匀分布随机数

R 语言生成均匀分布随机数的函数是 runif()，其句法是：runif($n,$min=0,max=1)，n 表示生成的随机数数量，min 表示均匀分布的下限，max 表示均匀分布的上限，省略参数为 min、max，默认生成 [0, 1] 上的均匀分布随机数。例如：

```
runif(5,0,1)      #生成 5 个[0,1]的均匀分布的随机数
```
```
[1]0.5993  0.7391  0.2617  0.5077  0.7199
```
```
runif(3,1,3)      #生成 3 个[1,3]的均匀分布的随机数
```
```
[1]1.204  1.359  2.653
```
```
runif(5)          #默认生成[0,1]上的均匀分布随机数
```
```
[1]0.2784  0.7755  0.4107  0.8392  0.7455
```

下面随机产生 10 000 个均匀分布随机数，作它们的概率直方图，然后添加均匀分布的密度函数线。程序如下：

```
x=runif(10000)
hist(x,prob=T,ylim=c(0,1.5),main='uniform(0,1)')
curve(dunif(x,0,1),add=T)    #添加均匀分布的密度函数线
```

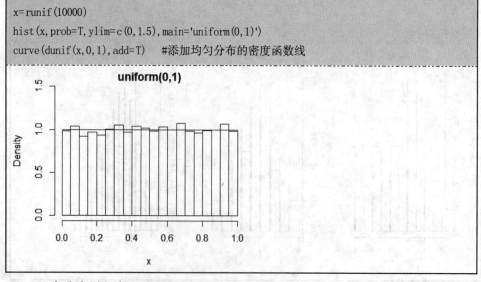

二、正态分布随机数

正态分布随机数的生成函数是 rnorm()，其句法是：rnorm($n,$mean=0,sd=1)，其中，

n 表示生成的随机数数量，mean 是正态分布的均值，默认为 0；sd 是正态分布的标准差，默认为 1，即 rnorm(n)将产生 n 个标准正态分布随机数。例如：

rnorm(5,10,5)	#生成5个均值为10,标准差为5的正态分布随机数
[1]3.172 14.705 7.173 5.842 8.879	
rnorm(5)	#默认生成标准正态分布随机数
[1] −0.58204 0.04606 0.96016 −0.68698 −0.35504	

下面随机产生 1 000 个标准正态分布随机数，作它们的概率直方图，然后添加正态分布的密度函数线。程序如下：

```
x=rnorm(1000)
hist(x,prob=T,ylim=c(0,0.5),main='N(0,1)')
curve(dnorm(x),add=T)
```

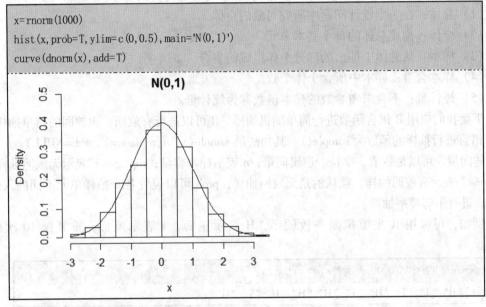

三、指数分布随机数

R 生成指数分布随机数的函数是 rexp()，其句法是：rexp(n,lamda=1)，n 表示生成的随机数个数，lamda = 1 是均值。例如：

```
x=rexp(1000,1/10)   #生成1000个均值为10的指数分布随机数
hist(x,prob=T,ylim=c(0,0.1),main=" exp(1/10)")
curve(dexp(x,1/10),add=T)
```

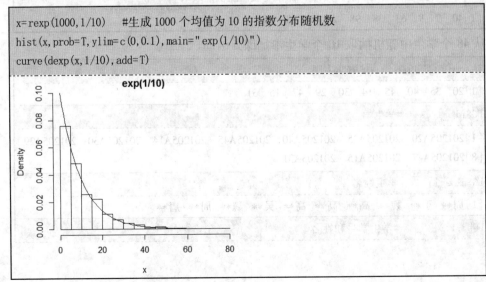

5.3 统计量及其抽样分布

5.3.1 样本与统计量

一、基本概念

在数理统计中，称研究对象的全体为总体（population），通常用一个随机变量表示总体，组成总体的每个基本单元叫个体（individual）。从总体 X 中随机抽取一部分个体 X_1，X_2，…，X_n，称为 X_1，X_2，…，X_n 为取自 X 的容量为 n 的样本（sample）。

（1）总体：在一个统计问题中研究对象的全体。

（2）个体：构成总体的每个基本单元。

（3）样本：从总体中抽出的部分个体组成的集合。

（4）样本含量：样本中所含个体个数。

（5）统计量：不含未知参数的样本函数称为统计量。

下面我们应用 R 语言函数进行简单随机抽样。R 可以进行有放回、无放回的简单抽样。用 R 语言进行抽样的函数为 sample()。其句法是 sample(x，n，replace=F，prob=NULL）。x 表示总体向量，可以是数值、字符、逻辑向量；n 表示样本容量；replace=F 表示无放回抽样；replace=T 表示有放回抽样，默认的是无放回抽样；prob 可以设置各个抽样单元不同的入样概率，进行不等概率抽样。

例如，可以用 R 来模拟抛一枚硬币，H 表示正面，T 表示反面，重复抛 10 次的情况。

```
sample(c("H","T"),10,rep=T)

[1]"H" "T" "T" "H" "T" "H" "H" "H" "T" "H"

sample(100,10)          #从 100 个产品中无放回随机抽取 10 个

[1]91  27  20  35  49  56  70  57  32  12

sample(100,10,rep=T)    #从 100 个产品中有放回随机抽取 10 个

[1]40  7  9  63  38  98  27  7  83  86
```

从 48 个学生中随机抽取 10 个学生参加课外活动。

```
i=sample(48,10);i    #抽取学生序号

[1]20  35  40  45  14  30  29  47  15  31

UG$id[i]    #学生学号

[1]201205A20  201205A35  201205A40  201205A45  201205A14  201205A30  201205A29
[8]201205A47  201205A15  201205A31

UG$name[i]    #学生姓名

[1]周**  丁**  魏**  高**  高**  高**  吴**  魏**  周**  唐**

UG[i,1:2]    #学生学号和姓名
```

	id	name
20	201205A20	周**
35	201205A35	丁**
40	201205A40	魏**
45	201205A45	高**
14	201205A14	高**
30	201205A30	高**
29	201205A29	吴**
47	201205A47	魏**
15	201205A15	周**
31	201205A31	唐**

二、常用统计量

设 X_1，X_2，…，X_n 是总体 X 的一个简单随机样本，$T(X_1，X_2，…，X_n)$ 为一个 n 元连续函数，且 T 中不含任何关于总体的未知参数，则称 $T(X_1，X_2，…，X_n)$ 为一个统计量（statistic），称统计量的分布为抽样分布（sampling distribution）。

数理统计的任务是采集和处理带有随机影响的数据，或者说收集样本并对之进行加工，以此对所研究的问题作出一定的结论，这一过程称为统计推断。在统计推断中，对样本进行加工整理，实际上就是根据样本计算出一些量，使得这些量能够将所研究问题的信息集中起来。这种根据样本计算出的量就是下面将要定义的统计量，因此，统计量是样本的某种函数。

设 X_1，X_2，…，X_n 是从总体中获得的容量为 n 的样本，则

（1）样本均值：$\bar{X} = \dfrac{1}{n} \sum_{i=1}^{n} X_i$。

（2）样本中位数：$\tilde{X} = \begin{cases} X_{(\frac{n+1}{2})}, & n \text{ 为奇数} \\ \dfrac{1}{2} \left[X_{(\frac{n}{2})} + X_{(\frac{n}{2}+1)} \right], & n \text{ 为偶数} \end{cases}$。

（3）样本极差：$R = X_{(n)} - X_{(1)}$。

（4）样本（无偏）方差：$s^2 = \dfrac{1}{n-1} \sum_{i=1}^{n} (X_i - \bar{X})^2$。

（5）样本标准差：$s = \sqrt{s^2}$。

5.3.2　常用的抽样分布

一、几个常用的随机分布

设 X_1，X_2，…，X_n 是从正态总体 $N(\mu，\sigma^2)$ 中获得的容量为 n 的样本，则

（1）正态样本均值 $\bar{X}$ 仍为正态分布，即 $\bar{X} \sim N(\mu, \sigma^2/n)$。

（2）正态样本 $n-1$ 倍的方差 s^2 除以总体方差 σ^2 的分布是自由度为 $n-1$ 的 χ^2 分布，即

$$\frac{(n-1)s^2}{\sigma^2} \sim \chi^2(n-1)$$

（3）正态样本均值 $\overline{X}$ 的标准化变量的分布，即

$$\frac{(\overline{X} - \mu)}{s / \sqrt{n}} \sim t(n - 1)$$

（4）设总体 $X_1 \sim N(\mu_1, \sigma_1^2)$ 和 $X_2 \sim N(\mu_2, \sigma_2^2)$，$X_1$ 与 X_2 相互独立，s_1^2 和 s_2^2 分别估计 σ_1^2 和 σ_2^2，n_1 和 n_2 分别为它们的样本含量，则下式服从 F 分布，即

$$F = \frac{s_1^2 / \sigma_1^2}{s_2^2 / \sigma_2^2} \sim F(n_1 - 1, n_2 - 1)$$

二、抽样分布的基本性质

1. χ^2 分布

卡方分布（chi-square distribution）允许分类数据的统计检验，在此类检验中，通常是拟合优度和独立性的检验。

设 X_1，X_2，…，X_n，是来自总体 $N(0,1)$ 的一个简单样本，则称统计量

$$Y = X_1^2 + X_2^2 + \cdots + X_n^2$$

为服从自由度为 n 的卡方分布，记为 $Y \sim \chi^2(n)$。

下图给出了不同自由度（n）下的卡方分布曲线图。

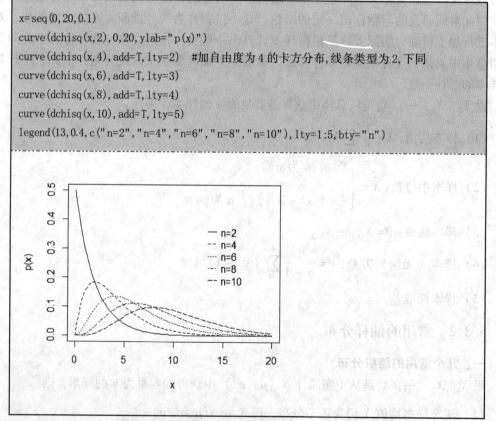

```
x = seq(0, 20, 0.1)
curve(dchisq(x, 2), 0, 20, ylab="p(x)")
curve(dchisq(x, 4), add=T, lty=2)    #加自由度为4的卡方分布，线条类型为2，下同
curve(dchisq(x, 6), add=T, lty=3)
curve(dchisq(x, 8), add=T, lty=4)
curve(dchisq(x, 10), add=T, lty=5)
legend(13, 0.4, c("n=2", "n=4", "n=6", "n=8", "n=10"), lty=1:5, bty="n")
```

从图可以看出，χ^2 分布密度函数曲线的峰值偏左，其偏度系数为正。当 n 越小时，密度曲线越陡峭，其峰度系数就越大；当 n 越大时，曲线越平坦，其峰度系数就越小。

2. t 分布

设 $X \sim N(0,1)$，$Y \sim \chi^2(n)$，且 X、Y 相互独立，则称随机变量

$$T = \frac{X}{\sqrt{Y/n}}$$

为服从自由度为 n 的 t 分布（t-distribution），记为 $T \sim t(n)$。

下图给出了 $n=1$，$n=5$，$n=10$ 的 t 分布密度函数曲线。从图中可以看出，t 分布是对称分布，其偏度系数为 0。n 越小，其峰度系数越大；n 越大，其峰度系数越小。

```
x=seq(-4,4,0.01)
plot(x,dnorm(x),type="l",lty=1)
for(i in c(1,5,10))
points(x,dt(x,df=i),type="l",lty=i+1)
legend(2,0.3,c("N(0,1)","t(10)","t(5)","t(1)"),lty=1:4,bty="n")
```

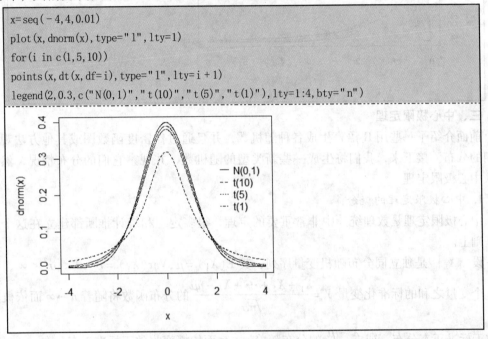

3. F 分布

设 $X \sim \chi^2(n)$，$Y \sim \chi^2(m)$，且 X 和 Y 相互独立，则称随机变量

$$F = \frac{X/n}{Y/m}$$

为服从自由度为 (n, m) 的 F 分布（F-distribution），称 n 为第一自由度，m 为第二自由度，记为 $F \sim F(n,m)$。

下图所示的是 $n=3$，$m=3$；$n=5$，$m=5$；$n=10$，$m=10$；$n=20$，$m=20$ 和 $n=30$，$m=30$ 的 F 分布密度函数曲线。

```
x=seq(0,6,0.1)
plot(x,df(x,3,3),type="l",ylim=c(0,1.2),ylab="p(x)",1+y=1)
curve(df(x,5,5),0,6,add=T,1+y=2)
curve(df(x,10,10),0,6,add=T,1+y=3)
curve(df(x,20,20),0,6,add=T,1+y=4)
curve(df(x,30,30),0,6,add=T,1+y=5)
legend(3,1,c('df(x,3,3)','df(x,5,5)','df(x,10,10)','df(x,20,20)','df(x,30,30)'),lty=1:5,bty="n")
```

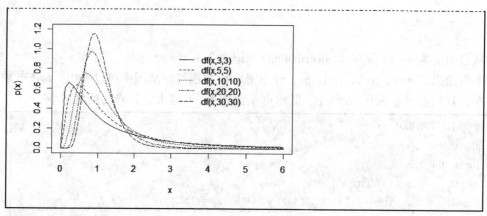

三、中心极限定理

前面介绍了一些用 R 语言生成各种随机数，并且通过作密度函数图或其他方法观察它们的分布。接下来，我们将生成一些新类型的随机数，并观察它们的分布情况，然后引入中心极限定理。

1. 中心极限定理的概念

中心极限定理是数理统计中非常重要的定理，很多定理和统计推断都建立在这个定理基础上。

设 $\{X_n\}$ 是独立同分布随机变量序列，其 $E(X_1)=\mu, \mathrm{Var}(X_1)=\sigma^2, 0<\sigma^2<\infty$，则前 n 个变量之和的标准化变量 $Y_n^*=\dfrac{X_1+X_2+\cdots+X_n-n\mu}{\sqrt{n}\sigma}$ 的分布函数将随着 $n\to\infty$ 而依概率收敛于标准正态分布，或 $\dfrac{\overline{X}-\mu}{\sigma/\sqrt{n}}$ 的分布随着 $n\to\infty$ 而依概率收敛于标准正态分布。

（1）正态样本均值的分布：

$X_1, X_2, \cdots, X_n$ 是 n 个相互独立同分布的随机变量，假如其共同分布为正态分布 $N(\mu, \sigma^2)$，则样本均值 $\overline{X}$ 仍为正态分布，其均值不变仍为 μ，而其方差缩小 n 倍，若把 $\overline{X}$ 的方差记为 $\sigma_{\overline{X}}^2$，则有 $\sigma_{\overline{X}}^2=\sigma^2/n$，即 $\overline{X} \sim N(\mu, \sigma^2/n)$。

（2）非正态样本均值的分布：

$X_1, X_2, \cdots, X_n$ 为 n 个相互独立同分布的随机变量，其共同分布未知，但其均值 μ 和方差 σ^2 都存在，则在 n 较大时，其样本均值 $\overline{X}$ 近似服从正态分布 $\overline{X} \sim N(\mu, \sigma^2/n)$。

如何检验这个定理的正确性呢？模拟就是一个很好的办法。

2. 中心极限定理的模拟

（1）二项分布模拟中心极限定理：

假如 $x \sim b(n,p)$，则其标准化变量 $z=\dfrac{(x-np)}{\sqrt{np(1-p)}}$ 随着 $n\to\infty$ 而依概率收敛于标准正态分布，这称为德莫弗—拉普拉斯定理。至于这个定理是否正确，除了数学上的严格证明外，也可用统计模拟方法检验它。

首先介绍怎样用 R 生成二项分布随机数的标准化变量。

```
n=10; p=0.25
z=rbinom(1,n,p)
x=(z-n*p)/sqrt(n*p*(1-p)); x
```

```
[1]0.3651484
```

这只是一个随机数标准化后的结果，我们需要产生很多随机数并观察它们的分布情况，比如需要产生100个这样的随机数，这在 R 中是非常容易实现的。

```
m=100                         # m 模拟次数
n=10; p=0.25
z=rbinom(m,n,p)               #生成 100 个二项随机数
x=(z-n*p)/sqrt(n*p*(1-p))     #对 100 个二项随机数标准化
hist(x,prob=T,main=paste("n=",n))
curve(dnorm(x),add=T)         # 增加正态曲线
```

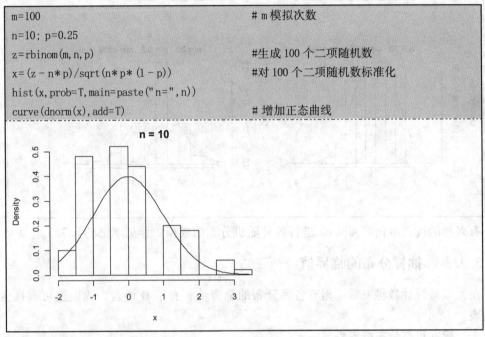

（2）用函数来进行模拟：

在上面的模拟例子中，我们指定模拟次数 $m=100$，样本量 $n=10$，概率 $p=0.25$，如果要改变这些参数重新进行模拟将会很麻烦，下面将上文的程序编成一个模拟函数再进行模拟。

```
sim.clt<-function (m=100,n=10,p=0.25){
    z=rbinom(m,n,p)
    x=(z-n*p)/sqrt(n*p*(1-p))
    hist(x,prob=T,breaks=20,main=paste("n=",n,"p=",p,"m=",m))
    curve(dnorm(x),add=T)
}
sim.clt()                  #默认 m=100,n=10,p=0.25
sim.clt(1000)              #取 m=1000,n=10,p=0.25
sim.clt(1000,30)           #取 m=1000,n=30,p=0.25
sim.clt(1000,30,0.5)       #取 m=1000,n=30,p=0.5
```

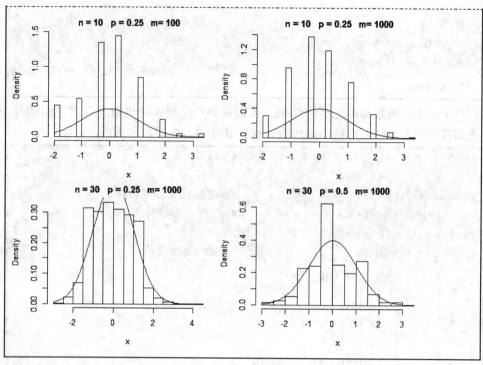

有兴趣的读者可仿照 sim. clt 进行各种随机分布的模拟。详见本书的 8.3.3。

5.3.3 抽样分布的临界值

在大多数统计教科书后都附有各种分布的临界值，有了 R 语言，我们就可直接生成这些表。

一、标准正态分布概率表

```
u0=seq(0,3,by=0.1);u0                    #临界表的行值
u.0=seq(0,0.1,by=0.01);u.0               #临界表的列值
u=u0 + matrix(u.0,31,11,byrow=T);u       #临界表分位数
p=pnorm(u);p                             #临界表概率值
colnames(p)<-u.0                         #临界表列标记
rownames(p)<-u0                          #临界表行标记
p                                        #形成正态分布临界表
```

	0	0.01	0.02	0.03	0.04	0.05	0.06	0.07	0.08	0.09
0.0	0.5000	0.5040	0.5080	0.5120	0.5160	0.5199	0.5239	0.5279	0.5319	0.5359
0.1	0.5398	0.5438	0.5478	0.5517	0.5557	0.5596	0.5636	0.5675	0.5714	0.5753
0.2	0.5793	0.5832	0.5871	0.5910	0.5948	0.5987	0.6026	0.6064	0.6103	0.6141
0.3	0.6179	0.6217	0.6255	0.6293	0.6331	0.6368	0.6406	0.6443	0.6480	0.6517
0.4	0.6554	0.6591	0.6628	0.6664	0.6700	0.6736	0.6772	0.6808	0.6844	0.6879
0.5	0.6915	0.6950	0.6985	0.7019	0.7054	0.7088	0.7123	0.7157	0.7190	0.7224
0.6	0.7257	0.7291	0.7324	0.7357	0.7389	0.7422	0.7454	0.7486	0.7517	0.7549
0.7	0.7580	0.7611	0.7642	0.7673	0.7704	0.7734	0.7764	0.7794	0.7823	0.7852
0.8	0.7881	0.7910	0.7939	0.7967	0.7995	0.8023	0.8051	0.8078	0.8106	0.8133

0.9	0.8159	0.8186	0.8212	0.8238	0.8264	0.8289	0.8315	0.8340	0.8365	0.8389
1.0	0.8413	0.8438	0.8461	0.8485	0.8508	0.8531	0.8554	0.8577	0.8599	0.8621
1.1	0.8643	0.8665	0.8686	0.8708	0.8729	0.8749	0.8770	0.8790	0.8810	0.8830
1.2	0.8849	0.8869	0.8888	0.8907	0.8925	0.8944	0.8962	0.8980	0.8997	0.9015
1.3	0.9032	0.9049	0.9066	0.9082	0.9099	0.9115	0.9131	0.9147	0.9162	0.9177
1.4	0.9192	0.9207	0.9222	0.9236	0.9251	0.9265	0.9279	0.9292	0.9306	0.9319
1.5	0.9332	0.9345	0.9357	0.9370	0.9382	0.9394	0.9406	0.9418	0.9429	0.9441
1.6	0.9452	0.9463	0.9474	0.9484	0.9495	0.9505	0.9515	0.9525	0.9535	0.9545
1.7	0.9554	0.9564	0.9573	0.9582	0.9591	0.9599	0.9608	0.9616	0.9625	0.9633
1.8	0.9641	0.9649	0.9656	0.9664	0.9671	0.9678	0.9686	0.9693	0.9699	0.9706
1.9	0.9713	0.9719	0.9726	0.9732	0.9738	0.9744	0.9750	0.9756	0.9761	0.9767
2.0	0.9772	0.9778	0.9783	0.9788	0.9793	0.9798	0.9803	0.9808	0.9812	0.9817
2.1	0.9821	0.9826	0.9830	0.9834	0.9838	0.9842	0.9846	0.9850	0.9854	0.9857
2.2	0.9861	0.9864	0.9868	0.9871	0.9875	0.9878	0.9881	0.9884	0.9887	0.9890
2.3	0.9893	0.9896	0.9898	0.9901	0.9904	0.9906	0.9909	0.9911	0.9913	0.9916
2.4	0.9918	0.9920	0.9922	0.9925	0.9927	0.9929	0.9931	0.9932	0.9934	0.9936
2.5	0.9938	0.9940	0.9941	0.9943	0.9945	0.9946	0.9948	0.9949	0.9951	0.9952
2.6	0.9953	0.9955	0.9956	0.9957	0.9959	0.9960	0.9961	0.9962	0.9963	0.9964
2.7	0.9965	0.9966	0.9967	0.9968	0.9969	0.9970	0.9971	0.9972	0.9973	0.9974
2.8	0.9974	0.9975	0.9976	0.9977	0.9977	0.9978	0.9979	0.9979	0.9980	0.9981
2.9	0.9981	0.9982	0.9982	0.9983	0.9984	0.9984	0.9985	0.9985	0.9986	0.9986
3.0	0.9987	0.9987	0.9987	0.9988	0.9988	0.9989	0.9989	0.9989	0.9990	0.9990

从表中可以查到，当标准正态分布分位数 $u=1.96$ 时，则标准正态分布曲线下的面积 $p=0.9750$。

二、t 分布临界值表

```
a=c(0.01,0.025,0.05,0.1,0.5,0.95,0.975,0.99);a          #尾部概率
n=1:30                                                    #样本数
cbind('0.01'=qt(0.01,n),'0.025'=qt(0.025,n),'0.05'=qt(0.05,n),
    '0.1'=qt(0.1,n),'0.5'=qt(0.5,n),'0.975'=qt(0.975,n),'0.99'=qt(0.99,n))
```

	0.01	0.025	0.05	0.1	0.5	0.95	0.975	0.99
[1,]	-31.821	-12.706	-6.314	-3.078	0	6.314	12.706	31.821
[2,]	-6.965	-4.303	-2.920	-1.886	0	2.920	4.303	6.965
[3,]	-4.541	-3.182	-2.353	-1.638	0	2.353	3.182	4.541
[4,]	-3.747	-2.776	-2.132	-1.533	0	2.132	2.776	3.747
[5,]	-3.365	-2.571	-2.015	-1.476	0	2.015	2.571	3.365
[6,]	-3.143	-2.447	-1.943	-1.440	0	1.943	2.447	3.143
[7,]	-2.998	-2.365	-1.895	-1.415	0	1.895	2.365	2.998
[8,]	-2.896	-2.306	-1.860	-1.397	0	1.860	2.306	2.896
[9,]	-2.821	-2.262	-1.833	-1.383	0	1.833	2.262	2.821

[10,]	−2.764	−2.228	−1.812	−1.372	0	1.812	2.228	2.764
[11,]	−2.718	−2.201	−1.796	−1.363	0	1.796	2.201	2.718
[12,]	−2.681	−2.179	−1.782	−1.356	0	1.782	2.179	2.681
[13,]	−2.650	−2.160	−1.771	−1.350	0	1.771	2.160	2.650
[14,]	−2.624	−2.145	−1.761	−1.345	0	1.761	2.145	2.624
[15,]	−2.602	−2.131	−1.753	−1.341	0	1.753	2.131	2.602
[16,]	−2.583	−2.120	−1.746	−1.337	0	1.746	2.120	2.583
[17,]	−2.567	−2.110	−1.740	−1.333	0	1.740	2.110	2.567
[18,]	−2.552	−2.101	−1.734	−1.330	0	1.734	2.101	2.552
[19,]	−2.539	−2.093	−1.729	−1.328	0	1.729	2.093	2.539
[20,]	−2.528	−2.086	−1.725	−1.325	0	1.725	2.086	2.528
[21,]	−2.518	−2.080	−1.721	−1.323	0	1.721	2.080	2.518
[22,]	−2.508	−2.074	−1.717	−1.321	0	1.717	2.074	2.508
[23,]	−2.500	−2.069	−1.714	−1.319	0	1.714	2.069	2.500
[24,]	−2.492	−2.064	−1.711	−1.318	0	1.711	2.064	2.492
[25,]	−2.485	−2.060	−1.708	−1.316	0	1.708	2.060	2.485
[26,]	−2.479	−2.056	−1.706	−1.315	0	1.706	2.056	2.479
[27,]	−2.473	−2.052	−1.703	−1.314	0	1.703	2.052	2.473
[28,]	−2.467	−2.048	−1.701	−1.313	0	1.701	2.048	2.467
[29,]	−2.462	−2.045	−1.699	−1.311	0	1.699	2.045	2.462
[30,]	−2.457	−2.042	−1.697	−1.310	0	1.697	2.042	2.457

从表中可以查到，当 $\alpha = 0.05$ 时，则自由度为 20 的 t 分布的分位数 $t_{0.05} = -1.725$，$t_{0.95} = 1.725$。请读者自己生成 χ^2 和 F 分布的临界值。

练习题

1. 设在 10 个产品中有 2 个不合格品，若从中随机取出 4 个，则其中不合格品数 X 是离散随机变量，它仅可取 0，1，2 三个值。

（1）X 取这些值的概率为多少？

（2）对于同样问题，若用放回抽样，则从 10 个产品（其中有 2 个不合格品）中随机取出 4 个，其中不合格品数 Y 是另一个随机变量，它可取 0，1，2，3，4 五个值。Y 取这些值的概率为多少？

2. 在一次制造过程中，不合格品率为 0.1，如今从成品中随机取出 6 个，记 X 为 6 个成品中的不合格品数，则 X 服从二项分布 b（6，0.1），简记为 $X \sim b$（6，0.1）。现研究如下三个问题：

（1）恰有 1 个不合格品的概率是多少？

（2）不超过 1 个不合格品的概率为多少？

（3）二项分布 b（6，0.1）的均值、方差与标准差分别为多少？

3. 自动车床生产的零件长度 X(毫米)服从 $N(30, 0.75^2)$, 若零件的长度在 30 ± 1.5 毫米之间为合格品, 求生产的零件是合格品的概率。

4. 抽样调查表明, 考生的外语成绩 (总分为 100 分) 近似服从正态分布, 平均成绩为 72 分, 96 分以上占总数的 2.3%。试求考生外语成绩在 60 分至 84 分之间的概率。

5. 从某厂生产的一批铆钉中随机抽取 10 个, 测得其直径 (单位: 毫米) 分别为: 13.35, 13.38, 13.40, 13.43, 13.32, 13.48, 13.34, 13.47, 13.44, 13.50。试求铆钉头部直径这一总体的均值 μ 与标准差 σ 的估计。

6. 续第 3 章习题 3 数据。

(1) 请用 sample 函数随机抽取 100 个数据并计算其基本统计量。

(2) 请对性别变量进行多次抽样以验证中心极限定理。

(3) 请对月收入和月支出变量进行多次抽样验证中心极限定理。

7. 仿 5.3.3 节方法构造 χ^2 分布和 F 分布在 $\alpha=0.05$ 时的临界值。

6 基本统计推断方法

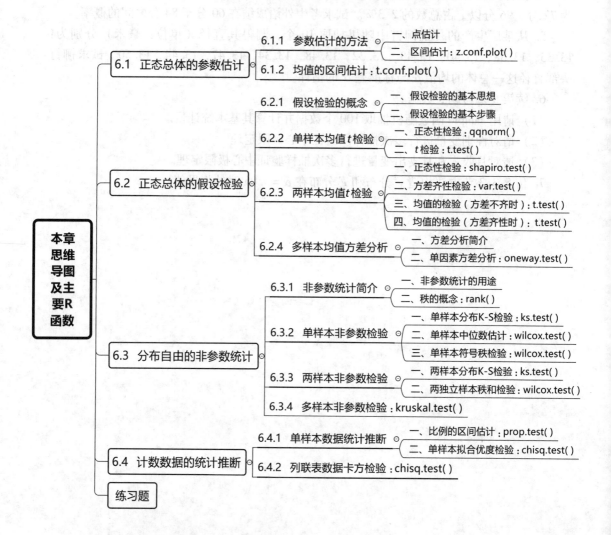

6.1 正态总体的参数估计

估计就是根据你拥有的信息来对现实世界进行某种判断。统计中的估计也不例外，它是完全根据数据进行判断的。例如，人们想知道到底有多大比例的广州市民同意广州大力发展轨道交通，由于不大可能询问所有的广州市民，人们只好进行抽样调查以得到样本，并用样本中同意发展轨道交通的比例来估计真实的比例。

不同的样本得到的结论可能不会完全一样。虽然真实比例无法在这种抽样调查中得知，但可以知道估计出来的比例和真实比例的大致差距。

从统计的角度来看，人们通常想从一个已知的分布估计其他未知参数。例如，已知总体服从正态分布，但均值或标准差都是未知的。单从一个数据集，很难知道参数的确切数值，但是数据会提示参数的大概数值。我们希望根据样本数据的均值来估计总体均值；从直观上可以认为，当数据越多时，这些估计值将会越准确。但从量化的角度看，我们又该如何去做？

因此，本节内容就是由样本数据对总体参数进行估计，即

样本均值 $\bar{x}$ →总体均值 μ；

样本方差 s^2 →总体方差 σ^2；

样本标准差 s →总体标准差 σ；

样本比例 p →总体比例 P。

根据上文的统计理论，通常以已知统计量（比如均值）的抽样分布为基础，我们便可对各参数值进行概率上的表述。例如，可以用95%的置信度来估计出参数的取值范围。

参数估计（parameter estimation）是统计推断的重要内容之一。

6.1.1 参数估计的方法

由样本统计量来估计总体参数有两种方法：点估计和区间估计。

一、点估计（point estimation）

点估计是用样本统计量来估计相应的总体参数。

二、区间估计（interval estimation）

区间估计是通过统计推断找到包括样本统计量在内（有时是以统计量为中心）的一个区间；该区间被认为很可能包含总体参数。

同前面介绍的正态分布的性质一样：

样本均值（$\bar{x}$）落在 $\left(\bar{x} - \dfrac{\sigma}{\sqrt{n}}, \bar{x} + \dfrac{\sigma}{\sqrt{n}}\right)$ 范围内的概率为 68.27%；

样本均值（$\bar{x}$）落在 $\left(\bar{x} - 2\dfrac{\sigma}{\sqrt{n}}, \bar{x} + 2\dfrac{\sigma}{\sqrt{n}}\right)$ 范围内的概率为 95.45%；

样本均值（$\bar{x}$）落在 $\left(\bar{x} - 3\dfrac{\sigma}{\sqrt{n}}, \bar{x} + 3\dfrac{\sigma}{\sqrt{n}}\right)$ 范围内的概率为 99.37%。

在统计量 $z = \dfrac{\bar{x} - \mu}{\sigma / \sqrt{n}}$ 服从正态分布的前提下，同上述方法一样，可类似地对总体均值进行估计，有两种情况：

（1）σ 已知，X 服从正态分布。

（2）σ 已知，n 足够大，应用中心极限定理。

将它对应的概率称为置信水平（confidence level），将 $\left[\bar{X} - z_{\alpha/2}\dfrac{\sigma}{\sqrt{n}}, \bar{X} + z_{\alpha/2}\dfrac{\sigma}{\sqrt{n}}\right]$ 表示的范围称为置信区间（confidence interval）。

下面是基于标准正态分布 z 的95%和99%置信区间示意图：

```
z.conf.plot (0.95)        #library(dstatR)
z.conf.plot (0.99)
```

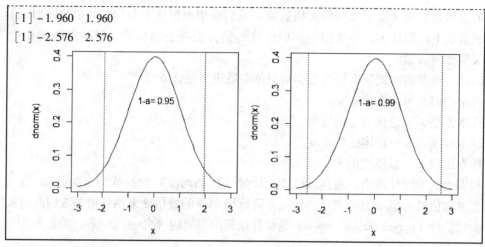

当 σ^2 已知时，由于 $z = \dfrac{\bar{x} - \mu}{\sigma / \sqrt{n}} \sim N(0,1)$ ，有 $P\left\{\left|\dfrac{\bar{x} - \mu}{\sigma / \sqrt{n}}\right| \leqslant z_{\alpha/2}\right\} = 1 - \alpha$ ，其中 z_α 表示 z 分布 α 上分位点。于是均值 μ 的 $1 - \alpha$ 置信区间为：

$$\left[\bar{x} - z_{\alpha/2} \frac{\sigma}{\sqrt{n}}, \bar{x} + z_{\alpha/2} \frac{\sigma}{\sqrt{n}}\right] \text{ 或 } \bar{x} \pm z_{\alpha/2} \frac{\sigma}{\sqrt{n}}$$

例如，以 90% 的置信度（$\mu = 1.645$）推断总体参数 μ 的置信区间为：

$$\left(\bar{x} - 1.645 \frac{\sigma}{\sqrt{n}}, \bar{x} + 1.645 \frac{\sigma}{\sqrt{n}}\right)$$

以 95% 的置信度（$\mu = 1.96$）推断总体参数 μ 的置信区间为：

$$\left(\bar{x} - 1.96 \frac{\sigma}{\sqrt{n}}, \bar{x} + 1.96 \frac{\sigma}{\sqrt{n}}\right)$$

以 99% 的置信度（$\mu = 2.58$）推断总体参数 μ 的置信区间为：

$$\left(\bar{x} - 2.58 \frac{\sigma}{\sqrt{n}}, \bar{x} + 2.58 \frac{\sigma}{\sqrt{n}}\right)$$

其他检验大都遵循这样一个步骤：

（1）构造一个认为是"好"的统计量（枢轴量），它包含未知的参数。

（2）利用统计量的已知分布作出概率表述。

（3）构造置信区间，通常利用统计量加或减去统计量标准差的倍数。作为用户，知道统计量分布的一些前提假定是很有必要的。在上面的例子中，需假设 X_i 独立同分布（如果能做到从目标总体中随机地抽取样本，那么这一点就能保证）。

在学生的数据中，假定学生身高的标准差为 10 厘米，试估计这类学生身高的 95% 的置信区间。

```
z.conf.int(UG$height,10)    #library(dstatR)
```
```
[1]165.4  171.0
```

由输出结果可知，这类学生身高的 95% 置信区间为（165.4,171.0）。

6.1.2 均值的区间估计

现实中，总体标准差通常是未知的。针对这种情况，可使用统计量

$$t = \frac{\bar{x} - \mu}{s / \sqrt{n}}$$

其中，s 为样本的标准差，用它来代替总体标准差 σ。注意以下两点：

（1）X_i 服从正态分布且 n 较小，则上面的 t 统计量就服从于自由度为 $n-1$ 的 t 分布。

（2）如果 n 足够大，便可应用中心极限定理，则统计量将是渐近正态的（多数情况如此）。

回到前面身高的例子，我们不再假设总体标准差为 10，而选择利用样本数据估计。当数据服从正态分布（或者渐近正态）时，我们就可以运用 t 分布构造置信区间。

当 σ^2 未知时，由于 $t = \dfrac{\dfrac{\bar{x} - \mu}{\sigma / \sqrt{n}}}{\sqrt{\dfrac{(n-1)s^2}{\sigma^2} / (n-1)}} = \dfrac{\bar{x} - \mu}{s / \sqrt{n}} \sim t(n-1)$，

有 $P\left\{ \left| \dfrac{\bar{x} - \mu}{s / \sqrt{n}} \right| \leq t_{\alpha/2} \right\} = 1 - \alpha$，其中 $t_\alpha (n-1)$ 表示自由度为 $n-1$ 的 t 分布 α 分位点。于是均值 μ 的 $1 - \alpha$ 置信区间为：

$$\left[\bar{x} - t_{1-\alpha/2}(n-1) \frac{s}{\sqrt{n}}, \bar{x} + t_{1-\alpha/2}(n-1) \frac{s}{\sqrt{n}} \right] \ \text{或} \ \bar{x} \pm t_{1-\alpha/2}(n-1) \frac{s}{\sqrt{n}}$$

下面是基于 t 分布的 95% 和 99% 置信区间示意图。

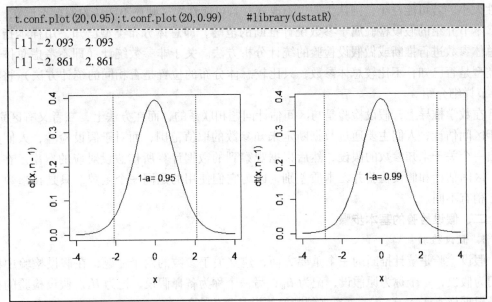

```
t.conf.plot(20,0.95);t.conf.plot(20,0.99)       #library(dstatR)
```
```
[1] -2.093    2.093
[1] -2.861    2.861
```

实际上，R 语言本身包含根据 t 分布计算置信区间的函数，只不过其置于 t 检验中，为做对比，我们用 t.test 函数也产生一个 95% 的置信区间。

```
t.test(UG$height)

        One Sample t-test

data: UG $height
t=110, df=47, p-value<2.2e-16
```

```
alternative hypothesis:true mean is not equal to 0
95 percent confidence interval:
165.2   171.2
sample estimates:
mean of x
   168.2
```

由输出结果得到了 95% 的置信区间（165.2,171.2），与用 z 统计量计算的 95% 的置信区间（165.4,171.0）很接近。

6.2 正态总体的假设检验

6.2.1 假设检验的概念

一、假设检验的基本思想

参数的检验通常是通过假设检验来进行的。假设检验是用来判断样本与总体的差异是由抽样误差引起还是由本质差别所造成的统计推断方法。其基本思想是小概率反证法思想。小概率思想是指小概率事件（$p < 0.01$ 或 $p < 0.05$）在一次试验中基本上不会发生。反证法思想是先提出假设（检验假设 H_0），再用适当的统计方法确定假设成立的可能性大小。若可能性小，则认为假设不成立；若可能性大，则还不能认为假设不成立。

本节介绍的假设检验属于参数统计推断的范畴，即总体分布类型已知，用样本指标对总体参数进行推断或做假设检验的统计分析方法。关于非参数统计（即不考虑总体分布类型是否已知，不比较总体参数，只比较总体分布的位置是否相同的统计方法）将在 6.3 节详细介绍。

在数学推导上，假设检验是与区间估计问题相联系的，而在方法上，二者又有区别。对于区间估计，人们主要通过数据断定未知参数的取值范围；而对于假设检验，人们是作出一个关于未知参数的假设，然后根据观察到的数据计算所作假设对应的概率。在 R 中，区间估计和假设检验并无本质差别，因为它们使用的是同一个函数，只是在参数设置上稍有不同。

二、假设检验的基本步骤

1. 假设检验

假设检验是统计推断的一个重要方面，建立关于参数的两个命题，在假设检验中称它们为假设，一个称为原假设，记为 H_0；另一个称为备择假设，记为 H_1。假设检验的目的是根据样本 X_1，X_2，$\cdots$，X_n 来判断原假设是否为真。

2. 检验统计量

用于检验的统计量被称为检验统计量。

3. 拒绝域

根据检验统计量的值，把整个样本空间分成两个部分，拒绝域 W 与接受域 A。当样本观察值落在 W 中就拒绝原假设。

4. 两类错误

（1）第一类错误：原假设为真，样本的随机性使样本观察值落在拒绝域 W 中，从而作出拒绝原假设的决定。其发生概率称为犯第一类错误的概率，记为 α，即 $P_{H_0}(W) = \alpha$。

（2）第二类错误：原假设为假，样本的随机性使样本观察值落在接受域 A 中，从而作出保留原假设的决定。其发生概率称为犯第二类错误的概率，记为 β，即 $P_{H_1}(A) = \beta$。

5. 显著性水平

若犯第一类错误的概率不超过 α，则称 α 为显著性水平。为使犯第一类错误的概率不至于太大，常取 $\alpha = 0.05$，0.10 等。

归纳起来，假设检验的具体步骤如下：

（1）建立假设，包括原假设 H_0 与备择假设 H_1；

（2）寻找检验统计量 T，确定拒绝域的形式；

（3）给出显著性水平 α；

（4）给出临界值，确定拒绝域；

（5）根据样本观察值计算检验统计量的值，根据观察值是否落在拒绝域中作出判断。

6.2.2　单样本均值 t 检验

（1）检验假设：$H_0 : \mu = \mu_0$；$H_1 : \mu \neq \mu_0$。

（2）给定检验水平 α。

（3）计算检验统计量 $t = \dfrac{\bar{x} - \mu}{s/\sqrt{n}}$。

（4）计算 t 值对应的 p 值。

（5）若 $p \leqslant \alpha$，拒绝 H_0，接受 H_1；若 $p > \alpha$，接受 H_0，拒绝 H_1。通常取 $\alpha = 0.05$。

如果学生身高数据服从正态分布，试比较这组学生的身高跟全国大学生平均身高（170 厘米）有无显著差别。

一、正态性检验

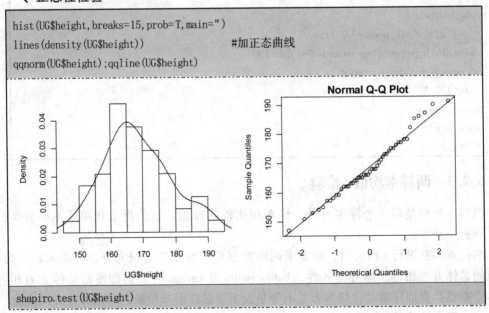

```
hist(UG$height, breaks=15, prob=T, main="")
lines(density(UG$height))          #加正态曲线
qqnorm(UG$height);qqline(UG$height)
```

```
shapiro.test(UG$height)
```

```
          Shapiro-Wilk normality test
data:UG$height
W=0.9814,p-value=0.6363
```

从上面的图形和 Shapiro – Wilk 正态性检验结果可以看出，身高的分布基本上是正态的，可以用均值的 t 分布公式进行检验。

二、t 检验

下面用 R 语言函数 t. test 进行 t 检验。

```
t.test(UG$height,mu=170)
          One Sample t-test
data:UG $height
t=-1.213,df=47,p-value=0.2313
alternative hypothesis:true mean is not equal to 170
95 percent confidence interval:
165.2   171.2
sample estimates:
mean of x
   168.2
```

检验 $p = 0.2313 > 0.05$，在显著性水平 $\alpha=0.05$ 上不拒绝 H_0，可认为这组学生的身高跟全国大学生的平均身高（假定为170厘米）没有显著差异。

如果想知道这组学生的身高是否小于全国学生的平均身高（170厘米），那么需设定 t. test 函数中的备择假设参数 alternative 等于"less"。

```
t.test(UG$weight,mu=170,alternative="less")
          One Sample t-test
data:UG$height
t=-1.213,df=47,p-value=0.1156
alternative hypothesis:true mean is less than 170
95 percent confidence interval:
 -Inf 170.7
sample estimates:
mean of x
   168.2
```

6.2.3　两样本均值 t 检验

两样本检验是将一个样本与另一样本相比较的检验，在分析上和单样本检验类似，但计算有一些区别。

两组资料在进行 t 检验时，除要求两组数据均应服从正态分布外，还要求两组数据相应的总体方差相等，即方差齐性（homogeneity of variance）。但即使两总体方差相等，样本方差也会有抽样波动，样本方差不等是否由于抽样误差所致，可用方差齐性检验。

一、正态性检验

首先用 QQ 图和 Shapiro – Wilk 检验不同性别学生身高的正态性。

```
x1=UG$height[UG$sex=='男']     #获取男性身高
x2=UG$height[UG$sex=='女']     #获取女性身高
qqnorm(x1);qqline(x1)
qqnorm(x2);qqline(x2)
```

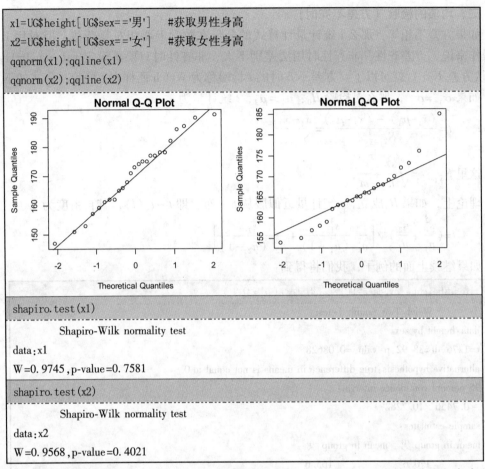

```
shapiro.test(x1)

        Shapiro-Wilk normality test
data:x1
W=0.9745,p-value=0.7581
```

```
shapiro.test(x2)

        Shapiro-Wilk normality test
data:x2
W=0.9568,p-value=0.4021
```

从上面的图形和 Shapiro – Wilk 正态性检验结果都可以看出，不同性别学生身高的分布基本上是正态的，这样我们就可以用两样本均值的 t 分布公式进行检验了。

二、方差齐性检验

试检验不同性别学生的身高变异有无显著差异，即检验两总体方差 σ_1^2 与 σ_2^2 是否相等，用 F 检验。

```
var.test(height~sex,data=UG)    #var.test(x1,x2)

        F test to compare two variances
data:height by sex
F=3.011,num df=24,denom df=22,p-value=0.01153
alternative hypothesis:true ratio of variances is not equal to 1
95 percent confidence interval:
1.292   6.913
sample estimates:
ratio of variances
        3.011
```

$p = 0.011\,53 < 0.05$，说明两组数据的方差是不一样的。

下面我们来检验不同性别学生的身高均值有无显著差异。

三、均值的检验（方差不齐时）

如果方差不相等，那么 t 统计量计算式的分母在数学上要相对复杂些。但对用 R 语言操作来说，方差齐性和非齐性时用法差别不大，非齐性时只要不设定 var.equal=TRUE（默认方差不齐）就可以了。方差不齐时的 t 检验称为 Welch 两样本 t 检验，公式如下：

如果 $\sigma_1^2 \neq \sigma_2^2$，那么对检验 $H_0: \mu_1 = \mu_2$，t 统计量为

$$t = \frac{(\bar{x}_1 - \mu_1) - (\bar{x}_2 - \mu_2)}{S_{\bar{x}_1 - \bar{x}_2}} = \frac{\bar{x}_1 - \bar{x}_2}{S_{\bar{x}_1 - \bar{x}_2}}$$

这里 $S_{\bar{x}_1 - \bar{x}_2} = \sqrt{\dfrac{s_1^2}{n} + \dfrac{s_2^2}{m}}$，

理论上，如果 H_0 成立，t 统计量近似服从 t 分布，即 $t \sim t(l)$，其自由度为 l，

$$l = \left(\frac{s_1^2}{n_1} + \frac{s_2^2}{n_2}\right)^2 \Big/ \left[\frac{s_1^4}{n_1^2(n_1 - 1)} + \frac{s_2^4}{n_2^2(n_2 - 1)}\right]$$

如果继续上面的例子，我们将得到：

```
t.test(height~sex,data=UG)        #t.test(x1,x2)
            Welch Two Sample t-test
data: height by sex
t=1.76,df=38.92,p-value=0.08628
alternative hypothesis: true difference in means is not equal to 0
95 percent confidence interval:
 -0.7456   10.7282
sample estimates:
mean in group 男    mean in group 女
        170.6                165.6
```

经检验，$p=0.08628 > 0.05$，不拒绝原假设，说明这组学生的男女身高无显著差别。

四、均值的检验（方差齐性时）

要具体检验以下假设：

$H_0: \mu_1 = \mu_2$；$H_1: \mu_1 \neq \mu_2$。

由概率论知：

$$t = \frac{(\bar{x}_1 - \bar{x}_2) - (\mu_1 - \mu_2)}{S_{\bar{x}_1 - \bar{x}_2}} \sim t(n_1 + n_2 - 2)$$

其中，$S_{\bar{x}_1 - \bar{x}_2}$ 表示两样本均值方差的标准误，$S_{\bar{x}_1 - \bar{x}_2} = \sqrt{S_c^2\left(\dfrac{1}{n_1} + \dfrac{1}{n_2}\right)}$。

式中 S_c^2 称为合并方差（pooled variance），即 $S_c^2 = \dfrac{(n_1 - 1)s_1^2 + (n_2 - 1)s_2^2}{(n_1 - 1) + (n_2 - 1)}$。

当 H_0 成立时，

$$t = \frac{|\bar{x}_1 - \bar{x}_2|}{S_{\bar{x}_1 - \bar{x}_2}} \sim t(n_1 + n_2 - 2)$$

所以，在给定了显著性水平 α 后，查 t 分布表得 $t_{\alpha/2}(n_1 + n_2 - 2)$，使得 $P\{|t| > t_{\alpha/2}\} = \alpha$。

这里 $t_{\alpha/2}$ 是 t 分布的双侧 100α 百分位点，由样本数据算出 t。当 $|t| > t_{\alpha/2}$ 时，拒绝

假设 H_0；当 $|t| \leq t_{\alpha/2}$ 时，接受假设 H_0。

当假定两个样本有着相同的方差时，可以根据样本数据估计方差。R 默认方差非齐性，如果要假定方差齐性，则使用 t. test 时要设定 var. equal=TRUE。

```
t.test(height~sex,data=UG,var.equal=T)
          Two Sample t-test
data:height by sex
t=1.723,df=46,p-value=0.09165
alternative hypothesis:true difference in means is not equal to 0
95 percent confidence interval:
 -0.8406   10.8232
sample estimates:
mean in group 男    mean in group 女
          170.6                165.6
```

经检验，$p = 0.09165 > 0.05$，不拒绝原假设，说明这组学生的男女身高无显著差别。

虽然计算结果稍稍不同，但在本例中得出的结论是一样的（接受原假设）。若方差齐性成立，检验统计量样本分布的自由度会小一些，从而尾部区域面积要小些，p 值也随之变小。

6.2.4 多样本均值方差分析

前面讲过，t 检验是用于检验两个独立样本均值的。方差分析（analysis of variance，简称 ANOVA）则用于比较两个以上独立样本均值的差异。

一、方差分析简介

1. 基本概念

方差分析也是一种假设检验。它是对全部样本观察值的差异进行分解，将某种因素下各样本观察值之间可能存在的系统性误差与随机性误差加以比较，据以推断各总体之间是否存在显著性差异，若存在显著性差异，说明该因素的影响是显著的。

我们可将总误差分解成两部分，即

总误差 = 系统性误差（A）+ 随机性误差（B）

若 A 显著比 B 大，这就说明导致系统性误差的某一因素的影响是显著的。

进行上述方差分析时，我们把比较的几个组的资料，看成是从几个相应的总体中随机抽取的独立样本，理论上要求几个总体都呈正态分布，几个总体的方差都是相同的，但总体均数可以不等。但实际应用时，如果各组资料呈显著偏态或各组方差相差悬殊（尤其当各样本的含量甚不相同时），就不能用上述方法进行方差分析，而宜改用非参数统计等其他方法比较多个样本均数。

2. 基本原理

如上所述的方差分析实质上为一个验证各样本均值是否全部相等的假设检验，可以认为它是两样本 t 检验的扩展。此外，数据需服从正态性和独立性的假定。为了解其中原理，我们先给出一些符号的定义。

假定有 k 组数据 X_1，X_2，$\cdots$，X_k，每组对应自己的数据，即 X_j 组有 n_j 个数据。接着，令 X_{ij} 为变量 X_j 的第 i 个值（在数据框中 i 代表行，j 代表列，这也是标记矩阵的习惯）。

随后假定：X_{ij}服从均值为μ_j、方差为σ^2的正态分布；第j列中的所有值相互之间独立，并且各列之间也是相互独立的。即可表述为，X_{ij}为独立正态同分布，均值为μ_j，方差相等。

单因素检验，其原假设为$\mu_1 = \mu_2 = \cdots = \mu_k$，备择假设为两个或两个以上均值不等，即$H_0$：$\mu_1 = \mu_2 = \cdots = \mu_k$；$H_1$：$\mu_1$，$\mu_2$，$\cdots$，$\mu_k$不全相同。

检验是如何起作用的呢？举例说明一下。下图画出了不同来源地学生的体重箱式图。此图的核心在于展示每一行数据围绕变量均值的变动。注意到下面的三条线，围绕均值的变动是较小的，如果三个均值相等，那么总数据的变异将和三个来源地中的任何一个相似。而在此图中，显然不是这样。

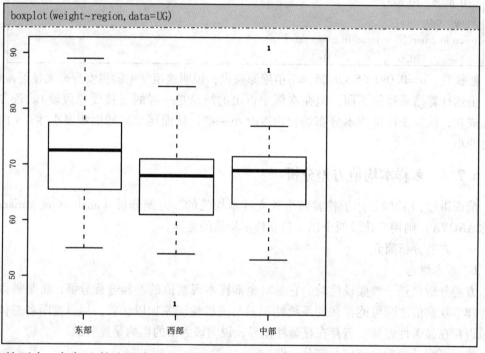

接下来，如何比较这些变动？可使用离差平方和。例如，对于每一组，我们有组内离差平方和（组内变异）：

$$组内离差平方和 = \sum_{j=1}^{p} \sum_{i=1}^{n_j} (X_{ij} - \bar{X}_{.j})^2$$

其中，$\bar{X}_{.j}$为第j个变量的均值，即$\bar{X}_{.j} = \frac{1}{n_j} \sum_{i=1}^{n_j} X_{ij}$，在许多情况下，简称之为$\bar{X}_j$。

对于总数据，我们使用总平均$\bar{X}$（所有数据的平均），并表示总离差平方和如下：

$$总离差平方和 = \sum_{j=1}^{p} \sum_{i=1}^{n_j} (X_{ij} - \bar{X})^2$$

最后，各组均值之间的变差称为组间离差平方和，在许多情况下称之为"处理效应"。它可表示为：

$$组间离差平方和 = \sum_{j} \sum_{i} (\bar{X}_{.j} - \bar{X})^2 = \sum_{j} n_j (\bar{X}_{.j} - \bar{X})^2 = 处理效应$$

三者之间的关系为：

总变异 = 组内变异 + 组间变异

由于模型中包含独立同分布、共同方差为 σ^2 的误差项，用每个组内离差平方和项（若正态化）估计 σ^2，因此，组内离差平方和为 σ^2 的估计。同样，在均值相等的原假设下，组间离差平方和亦为 σ^2 的估计。

为了比较不同的方差估计之间的差异，使用如下定义的 F 统计量。如果数据满足特定的模型，那么，在原假设下，抽样分布是已知的，它将是自由度为（$k-1$，$n-k$）的 F 分布。

$$F = \frac{\text{组间变异}}{k-1} \bigg/ \frac{\text{组内变异}}{n-k}$$

离差平方和被它们各自的自由度相除（例如，组内离差平方和使用了 k 个估计的均值 $\overline{X_i}$，所以有 $n-k$ 个自由度），这样的正态化叫作均方和。

二、单因素方差分析

单因素方差分析是一个影响因素下不同水平组均值之间差异的假设检验。

检验的假设为：

H_0：$\mu_1 = \mu_2 = \cdots = \mu_k = \mu$

H_1：μ_1，μ_2，$\cdots$，μ_k 不全相等

分析计算步骤：

（1）计算各组平均数与总平均数。

（2）计算各离差平方和与自由度。

（3）将各离差平方和分别除以相应的自由度得到其平均的离差平方和（简称"均方"），即

$$MS_A = SS_A/f_A = SS_A/(k-1), \quad MS_E = SS_E/f_E = SS_E/(n-k)$$

（4）计算检验统计量 F：

$$F = MS_A/MS_E \sim F(k-1, n-k)$$

将上面步骤整理成表 6-1：

表 6-1　单因素方差分析表

来源	自由度	偏差平方和	均方和	F	P
因子 A	$f_A = k-1$	SS_A	MS_A	F_A	P_A
误差 E	$f_E = n-k$	SS_E	MS_E		
总计 T	$f_T = n-1$	SS_T			

（5）作出检验判断。

根据得到的 F 值计算相应的 P 值，并与给定的显著性水平 α 比较：

若 $P_A > \alpha$，接受 H_0，认为因素 A 引起各组水平差异是不显著的；

若 $P_A \leq \alpha$，拒绝 H_0，认为 A 因素的影响是显著的。

有了数据，我们就可以自己来做这些工作。在 R 语言中，做单因素方差分析（analysis of variance for oneway）的函数为 oneway.test。它要求有一变量观测值（本例为 weight），而另一个因子来描述分类情况（本例为 region）。

```
oneway. test (weight ~ region, data = UG)
```
> One-way analysis of means (not assuming equal variances)
> data:weight and region
> F=1. 8703,num df=2. 000,denom df=29. 582,p-value=0. 1718

由结果（$p = 0.1718 > 0.05$）可知，若假定方差不齐时，不同来源地学生的体重的均值无显著的不同。

若假定方差相同，结果会有所不同。

```
oneway. test (weight~region, data=UG, var.equal=T)
```
> One-way analysis of means
> data:weight and region
> F=1. 7931,num df=2,denom df=45,p-value=0. 1781

也可以应用线性模型的方式进行方差分析，并生成方差分析表（详见7.3.2）。

```
summary(aov(weight~region, data=UG))
```

	Df	Sum Sq	Mean Sq	F value	Pr(>F)
region	2	322. 1	161. 054	1. 7931	0. 1781
Residuals	45	4041. 8	89. 818		

6.3　分布自由的非参数统计

6.3.1　非参数统计简介

一、非参数统计的用途

在实践中我们常常遇到以下资料：

（1）资料的总体分布类型未知；

（2）资料的分布类型已知，但不符合正态分布；

（3）某些变量可能无法精确测量。

对于此类资料，除了进行变量变换外，还可采用下面的非参数统计方法。

经典统计的多数检验都假定了总体的背景分布。在那里，总体的分布形式或分布族往往是给定的或者是假定了的。所不知道的仅仅是一些参数的值或它们的范围。于是，人们的主要任务就是对一些参数，比如均值和方差（或标准差）进行估计或检验。

比如检验正态分布的均值是否相等或等于零。最常见的检验包括和正态总体有关的 t 检验、F 检验等。但在实际中，对总体的分布的假定并不是能随便作出的。有时，数据并不是来自所假定分布的总体；或者说，数据根本不是来自一个总体；还有可能，数据因为种种原因被严重污染。这样，在假定总体分布的情况下进行推断的做法可能会产生错误的甚至灾难性的结论。

于是，人们希望在不假定总体分布的情况下，尽量从数据本身来获得所需的总体信息。非参数检验方法不要求总体的分布，所以，就算在对总体没有任何了解的情况下，也能通过它获得结论。而且这时非参数方法往往优于参数方法，并且非参数检验总是比传统检验安全。但是在总体分布形式已知时，非参数检验就不如传统方法效率高，这是因为非参数方法利用的信息要少些。传统方法往往可以拒绝零假设的情况，非参数检验却无法拒绝。但非参数统计在总体未知时效率比传统方法要高，甚至要高很多。是否用非参数统计方法，要根据对总体分布的了解程度来确定。

二、秩的概念

非参数检验通常是将数据转换成秩来进行分析的。什么是一个数据的秩（rank）呢？一般来说，秩就是该数据按照升幂排列之后，每个观测值的位置。

比如对学生数据的家庭年收入变量编秩：

```
r1=rank(UG$income,ties.method="first")     #有结(按第一次)出现者编秩
r2=rank(UG$income)                          #有结(数据相同)者求平均秩
cbind(x=UG$income,r1,r2)
```

	x	r1	r2
[1,]	16.6	22	22.0
[2,]	20.6	26	26.0
[3,]	4.1	7	7.5
[4,]	78.8	46	46.0
[5,]	3.8	6	6.0
[6,]	14.8	15	15.0
[7,]	30.8	33	33.0
[8,]	35.5	38	38.0
[9,]	33.3	35	35.0
⋮			

这里 r_1 和 r_2 分别是对家庭收入数据求的秩，其中 r_1 是按相同数据第一次出现的位置编秩，而 r_2 是按相同数据均值的位置编秩。

r_i 就是家庭收入数据的秩。利用秩的大小进行推断就避免了不知道数据分布的困难，这也是大多数非参数检验的优点。多数非参数检验明显地或隐含地利用了秩的性质，但也有一些非参数方法没有涉及秩的性质。

常用的非参数假设检验的方法有：单样本非参数检验、两样本非参数检验、多样本非参数检验、多个相关样本检验等。

6.3.2 单样本非参数检验

一、单样本分布 K–S 检验

单样本分布的 Kolmogorov–Smirnov 检验（简称"K–S 检验"）是用来检验一个数据的观测累积分布是否服从已知的理论分布。前面所讲的正态概率检验主要是用来检验数据是否来自正态分析，可以看作一种参数检验的方法；而 K–S 检验可对各种分布进行检验。这些作为原假设的理论分布在 R 语言的选项中有正态分布、Poisson 分布、均匀分布和指数分布等。在 R 语言中对是否服从正态分布或均匀分布的检验统计量为：

$$D=\sqrt{n}\max(\mid S(X_i-1)-F_0(X_i)\mid,\mid S(X_i)-F_0(X_i)\mid)$$

仍以学生家庭收入和身高的数据为例，下面是其经验分布图。

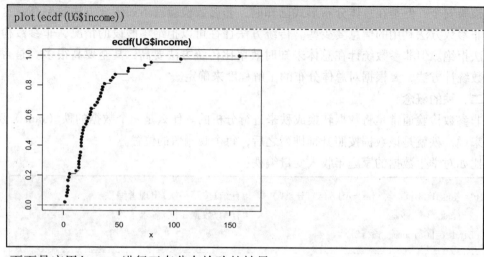

```
plot(ecdf(UG$income))
```

下面是应用 ks. test 进行正态分布检验的结果。

```
ks.test(UG$income,"pnorm")
```

One-sample Kolmogorov-Smirnov test

data: UG$income

D=0.9773, p-value<2.2e-16

alternative hypothesis: two-sided

Warning message:

In ks. test(UG$income,"pnorm"):

ties should not be present for the Kolmogorov-Smirnov test

从检验的结果可知：家庭收入的正态性检验的 p 值小于 0.05，因此，如果按照显著性水平为 0.05 的标准，可以拒绝数据来自正态总体的零假设，这一点也可以从前面的探索性分析结果中得到。

二、单样本中位数估计

上文在进行均值的估计时，都假定资料来自正态总体，若数据不是正态分布，通常需用中位数来估计总体的平均水平，所以对中位数置信区间的计算也是重要的。虽然其置信区间的计算在数学上有些不同，但对于 R 来说，几乎没什么差别。R 语言关于中位数的区间估计包括在非参数检验函数 wilcox. test 中。

在我们的数据中，显然家庭收入不是一个正态变量，所以不能用求均值置信区间的办法估计其置信区间，这里需要用求非参数中位数置信区间的方法。

首先对数据进行一下初步分析，发现数据的确不是正态分布。

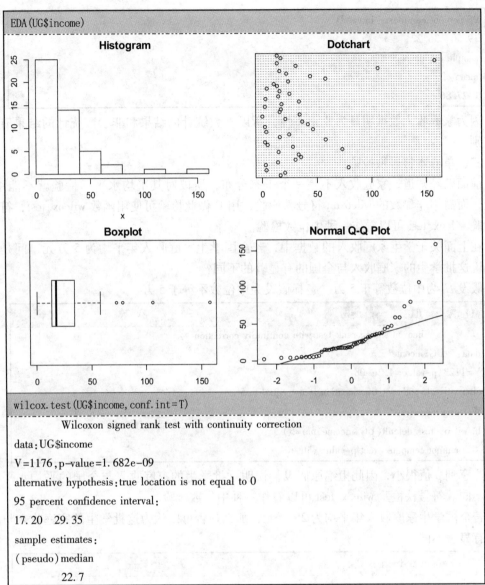

EDA(UG$income)

wilcox.test(UG$income,conf.int=T)

Wilcoxon signed rank test with continuity correction

data:UG$income

V=1176,p-value=1.682e-09

alternative hypothesis:true location is not equal to 0

95 percent confidence interval:

17.20　29.35

sample estimates:

(pseudo)median

　　22.7

学生家庭收入的95%中位数置信区间为（17.20,29.35）。

注意：

（1）和t.test不同，此处，我们要指定R计算一个置信区间；

（2）对于此例数据，由于样本量很小且数据变动极大，所以置信区间很大；

（3）当数据不服从或渐进地服从正态分布时，便不能使用t分布。

下面是用t分布的估计结果。

t.test(UG$income)

One Sample t-test

data:UG$income

t=6.706,df=47,p-value=2.286e-08

alternative hypothesis:true mean is not equal to 0

```
95 percent confidence interval：
19.50   36.22
sample estimates：
mean of x
   27.86
```

因为家庭收入数据明显为非正态性，所以参数统计的结果和非参数统计的结果有一定差别。

三、单样本符号秩检验

前面已经知道，家庭收入不是一个正态分布，所以对其平均水平的检验就不能用 t 检验，而需用非参数的 wilcoxon 符号秩检验，用 R 做此检验可使用函数 wilcox.test，符号秩检验 wilcox.test 可以看作一种中位数检验。

在上面关于学生家庭收入的数据中，若全国学生家庭收入年平均为 5 万元，问是否可以说这批学生的家庭收入与全国的有显著的不同？

假设 H_0 为中位数等于 5 万，备择假设为中位数不等于 5 万。

```
wilcox.test(UG$income,mu=5)

          Wilcoxon signed rank test with continuity correction
data：  UG$income
V=1123,p-value=4.2e-08
alternative hypothesis：true location is not equal to 5
Warning message：
In wilcox.test.default(UG$income,mu=5)：
    cannot compute exact p-value with ties
```

注意到 p 值很小，因此拒绝原假设，说明这批学生的家庭收入与全国的平均水平有显著不同。符号秩检验 wilcox.test 可以看作一种中位数检验。

若全国学生家庭收入年平均为 25 万元，那么是否可以认为这批学生的家庭收入与全国的有显著不同？

```
wilcox.test(UG$income,mu=25)

          Wilcoxon signed rank test with continuity correction
data：UG$income
V=502,p-value=0.3805
alternative hypothesis：true location is not equal to 25
Warning message：
In wilcox.test.default(UG$income,mu=25)：
    cannot compute exact p-value with ties
```

这里 $p>0.05$，因此接受原假设，说明这批学生的家庭收入与全国的平均水平无显著不同。

6.3.3 两样本非参数检验

一、两样本分布 K – S 检验

假定有分别来自两个独立总体的两个样本，要想检验它们背后的总体分布是否是相同的零假设，可以进行两独立样本的 Kolmogorov – Smirnov 检验。其检验原理和单样本情况几乎完全一样，只不过把检验统计量中零假设的分布换成另一个样本的经验分布即可。

假定两个样本的样本量分别为 n_1 和 n_2，用 $S_1(X)$ 和 $S_2(X)$ 分别表示两个样本的累积经验分布函数，令 $D_j = S_1(X_j) - S_2(X_j)$。大样本时近似正态分布的检验统计量为：

$$Z = \max_j |D_j| \sqrt{\frac{n_1 n_2}{n_1 + n_2}}$$

仍然使用前面例子的数据，首先作直方图进行比较。

```
hist(UG$income[UG$sex=='男'],main='')
hist(UG$income[UG$sex=='女'],main='')
```

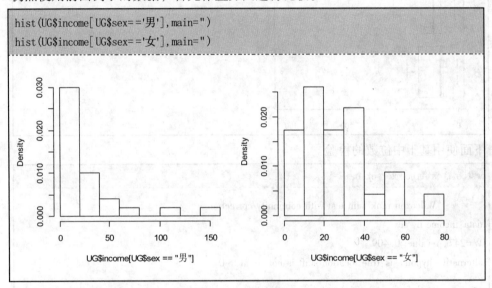

显然，两样本的分布是不一样的，下面用非参数的 ks. test 方法进行检验。

```
ks.test(UG$income[UG$sex=='男'],UG$income[UG$sex=='女'])
```
```
        Two-sample Kolmogorov-Smirnov test
data:UG$income[UG$sex=="男"]and UG$income[UG$sex=="女"]
D=0.2591,p-value=0.3971
alternative hypothesis:two-sided
Warning message:
In ks.test(UG$income[UG$sex=="男"],UG$income[UG$sex=="女"]):
cannot compute exact p-value with ties
```

由于数据中存在结，因此会出现警告信息。对于 0.05 的显著性水平，不能拒绝两个分布相同的零假设。

二、两独立样本秩和检验

两样本 wilcoxon 秩和检验可由函数 wilcox. test 完成，其本质是一种非参数的检验方法，用法和单样本检验相似。

假定第一个样本有 m 个观测值，第二个有 n 个观测值。把两个样本混合之后将这 $m + n$

个观测值升幂排序，记下每个观测值在混合排序下面的秩。之后分别把两个样本所得到的秩相加。记第一个样本观测值的秩和为 W_X，而第二个样本秩和为 W_Y。这两个值可以互相推算，称为 Wilcoxon 统计量。

该统计量的分布和两个总体分布无关。由此分布可以得到 p 值。直观上看，如果 W_X 与 W_Y 之中有一个明显比较大，则可以选择拒绝零假设。该检验唯一需要的假定就是两个总体的分布有类似的形状（不一定对称）。

上面的图形分析显示家庭收入的分布是偏态的，但从下面的箱式图可以看出，它们的中位数基本是一样的。

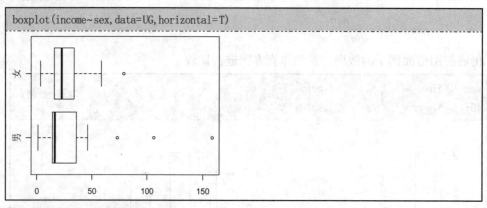

```
boxplot(income~sex,data=UG,horizontal=T)
```

下面使用基于中位数的检验。

```
wilcox.test(income~sex,data=UG)
```

        Wilcoxon rank sum test with continuity correction
data:income by sex
W=247,p-value=0.409
alternative hypothesis:true location shift is not equal to 0

Warning message:
In wilcox.test.default(x=c(20.6,4.1,3.8,14.8,35.5,15.4,73,   :
        cannot compute exact p-value with ties

由 wilcox.test 检验我们没有足够的证据拒绝原假设，不能拒绝两中位数相等的备择假设。

6.3.4 多样本非参数检验

多个独立样本的非参数检验是用 Kruskal – Wallis 秩和检验，这个检验的目的是看多个总体的位置参数是否一样。方法和 Wilcoxon 检验的思想类似。假定有 k 个总体，先把从这 k 个总体抽出来的样本混合起来排序，记各个总体观测值的秩之和为 R_i，其中，$i = 1, \cdots, k$。显然如果这些 R_i 很不相同，就可以认为它们位置参数相同的原假设不妥（备择假设为各个位置参数不全相等）。注意这里所说的位置参数是在下面意义上的 θ_i，因为它在分布函数 $F_i(x)$ 中可以和变元 x 相加成为 $F(x + \theta_i)$ 的形式，所以称 θ_i 为位置参数。形式上，假定这些样本有连续分布 $F_1, \cdots, F_k$，原假设为 $H_0: F_1 = \cdots = F_k$，备择假

设为 H_1：$F_i(x) = F(x + \theta_i)$，$i = 1, \cdots, k$，这里 F 为某连续分布函数，而且这些参数 θ_i 并不相等。Kruskal – Wallis 检验统计量为：

$$H = \frac{12}{N(N+1)} \sum_{i=1}^{k} n_i \left(\frac{R_i}{n_i} - \bar{R} \right)^2 = \frac{12}{N(N+1)} \sum_{i=1}^{k} \frac{R_i^2}{n_i} - 3(N+1)$$

这里 n_i 为第 i 个样本量，而 N 为各个样本量之和（总样本量）。而 $\bar{R} = \sum_{i=1}^{k} R_i / N = (N+1)/2$ 为总的平均秩。如果观测值中有大小一样的数值（即存在结），上面公式会有稍微的变化。由 H 的第一个表达式可以看出，如果各样本的平均秩 R_i / n_i 和总平均秩差别很大，H 也会很大，这说明各个样本的位置参数很可能不同。这个统计量在位置参数相同的零假设下有渐近的自由度为 $k-1$ 的 χ^2 分布。Kruskal – Wallis 检验仅仅要求各个总体变量有相似形状的连续分布。

Kruskal – Wallis 检验为非参数检验，可在数据非正态的情况下代替单因素方差分析。它的使用方式和用 Wilcoxon 符号秩检验代替 t 检验是一样的。另外，它也是一个基于原始数据秩的检验，故不要求数据具有正态性。

当你不确定单因素检验中的正态性假定是否成立时，便可考虑 Kruskal – Wallis 检验。它在 R 中的用法和 oneway. test 相似。

例如对学生数据的家庭收入和来源地进行 Kruskal – Wallis 检验：

```
kruskal. test(income~region, data=UG)

    Kruskal-Wallis rank sum test
data：income by region
Kruskal-Wallis-squared=3. 4887,df=2,p-value=0. 1748
```

```
oneway. test(income~region, data=UG)

One-way analysis of means ( not assuming equal variances)
data： income and region
F=2. 6602,num df=2. 000,denom df=23. 603,p-value=0. 09081
```

虽然方差分析的结果和非参数检验的结果一致，但 p 值还是有所差别的（在某些情况下可得到不同结论）。

6.4 计数数据的统计推断

它在分类资料统计推断中的应用包括：单样本的拟合优度检验，两个率或两个构成比比较的卡方检验；多个率或多个构成比比较的卡方检验等。

卡方检验（Chi – squared test，简称 χ^2 test）是一种用途很广的计数资料的假设检验方法。它属于非参数检验的范畴，主要是比较两个及两个以上构成比（样本率）以及两个分类变量的列联表分析。其根本思想就是比较理论频数和实际频数的吻合程度或拟合优度。

6.4.1 单样本数据统计推断

一、比例的区间估计

置信区间最常见的应用，就是在调查和选举中对总体比例进行区间估计。比如，假定有 100 个人接受调查，其中有 42 个人喜欢品牌 A。我们可从中可看出什么？不同的调查者有不同的说法。例如，有些人认为："总体中有 42% 的人喜欢品牌 A"；或者这样表述："调查表明有 42% 的人喜欢品牌 A，但有 9% 的误差变动"；再或者，如果调查者非常细心，那么你会看到这样的总结："调查表明有 42% 的人喜欢品牌 A，但基于 95% 的置信区间，并有 9% 的误差变动。"

对于 Bernoulli 试验中参数（成功概率）P 的估计，常见的例子是抽样调查中持某种观点的比例。假定共调查了 n 个人（n 次 Bernoulli 试验），其中持某种观点的人数为 x（成功数目 x），于是样本比例为 $p = x/n$。那么总体比例 P 的 $100(1-\alpha)\%$ 置信区间为（这里是大样本正态近似，因此可用正态分位数代替）：

$$p \pm u_{\alpha/2}\sqrt{p(1-p)/n} \text{ 或 } \left(p - u_{\alpha/2}\sqrt{p(1-p)/n},\ p + u_{\alpha/2}\sqrt{p(1-p)/n}\right)$$

可以用 R 来直接得到上述的置信水平，所用到的函数是 prop.test (x, n)，这里 x 是实际数，n 是总数。为得到 95% 的置信区间，可按以下步骤去做：

```
prop.test(42,100)

1-sample proportions test with continuity correction

data:42 out of 100,null probability 0.5
X-squared=2.25,df=1,p-value=0.1336
alternative hypothesis:true p is not equal to 0.5
95 percent confidence interval:
0.3233  0.5229
sample estimates:
   p
0.42
```

得到默认置信水平为 95% 的置信区间为（32.33%,52.29%）。如果想要一个置信水平为 90% 的区间，就应作如下更改：

```
prop.test(42,100,conf.level=0.90)

1-sample proportions test with continuity correction

data:42 out of 100,null probability 0.5
X-squared=2.25,df=1,p-value=0.1336
alternative hypothesis:true p is not equal to 0.5
90 percent confidence interval:
0.3372  0.5072
sample estimates:
   p
0.42
```

由此便可得到比率的 90% 置信区间（33.72%,50.72%）。但置信度降低了，导致区间较短。

二、单样本拟合优度检验

卡方拟合优度检验（Chi–squared goodness of fit tests）用来检验一批分类数据所来自的总体分布是否与某种理论分布相一致。从分类数据出发，去判断总体中各类数据出现的概率是否与已知的概率相符。譬如要检验一颗骰子是否均匀，我们可以将该骰子抛掷若干次，记录每一面出现的次数，从数据出发去检验骰子各面出现的概率是否都是1/6。

正如在前面对家庭收入数据的分组，我们想了解家庭收入分布是否均匀分布在各组中。

若家庭收入分配是均匀的，你会理所当然地认为各组出现的概率都一样（1/3），回答这个问题的关键是看观测值与期望观测值离得有多远。如果令f_i为观测到的第i类数据的出现频数，e_i为第i类数据出现次数的理论期望值，则χ^2统计量可表示为：

$$\chi^2 = \sum_{i=1}^{n} \frac{(f_i - e_i)^2}{e_i}$$

```
income_c=cut(UG$income, breaks=c(0,5,50,200),
            labels=c("低收入","中等收入","高收入"))
f=table(income_c); f
```

```
income_c
低收入 中等收入 高收入
    9      33      6
```

```
e=sum(f)/3
cbind(f, e)
```

```
        f    e
低收入    9   16
中等收入  33   16
高收入    6   16
```

```
X2=sum((f-e)^2/e); X2
```

```
[1] 27.38
```

直观地，如果实际观测频数和理论预期频数相差很大，χ^2统计量的值将会很大；反之则较小。相应统计推断基于所有理论预期频数都大于1且大多数（80%）都大于5的假定。同时，数据必须为独立同分布的。如果这些假定都满足，那么χ^2统计量将近似服从于自由度为$n-1$的卡方分布。建立假设检验，原假设为各面出现的概率为理论值，备择假设为六个面中的一些或全部出现概率不等于理论值。

下面进行检验，R有针对这类问题的内部函数，在使用它们之前首先要指定实际频数和理论预期概率。在此例中，用法很简单：

```
prob=c(1,1,1)/3              #指定理论概率(均匀分布)
chisq.test(f, p=prob)
```

```
            Chi-squared test for given probabilities
data:f
X-squared=27.38,df=2,p-value=1.137e-06
```

根据前面所述假设检验假定，原假设为第 i 类对应的概率为 p_i（在此例中 $p_i = 1/3$），备择假设为至少有一类对应的概率不等于 p_i。

我们看到，χ^2 值为 27.38，p 值小于 0.001，所以有理由拒绝家庭收入在各组中均匀分配的假设。

6.4.2 列联表数据卡方检验

卡方独立性检验（Chi-squared tests of independence）是用卡方统计量来检验列联表中的两个因子是否相互独立。也就是，原假设为因子之间是相互独立的，备择假设为它们不相互独立。

例如，我们想考察学生家庭收入与不同来源地之间有没有关系，可使用卡方检验。

```
f2=table(UG$region, income_c);f2

income_c
        低收入      中等收入      高收入
东部      2          11          3
西部      4          13          0
中部      3          9           3
```

但是，理论预期频数为多少？在独立性的原假设下，可使用边际概率去代替它。例如，$P(none\ and\ yes)=P(none)P(yes)$ 是由回答"否"（各列之和除以 n）的比例和回答"是"（各行之和除以 n）的比例来估计的。那么，此单元格的预期频数即为上式乘以 n；或者简单地，各行之和乘以各列之和再除以 n。因为需要对每个单元格都这样做，所以最好由计算机来完成。

```
chisq.test(f2)

Pearson's Chi-squared test
data:f2
X-squared=4.167,df=4,p-value=0.3838
```

上述过程检验了两因子相互独立的原假设，在此例中，较大的 p 值让我们无法拒绝原假设，即家庭收入和来源地关系不大。

对性别和来源地之间的关系进行独立性检验。首先产生性别与来源地的二维列联表，然后对二维列联表结果进行卡方检验。

```
f3=table(UG$sex,UG$region);f3

     东部  西部  中部
男    6    13    6
女    10   4     9
```

```
chisq.test(f3)
```

Pearson's Chi-squared test

data：f3

X-squared=6.292，df=2，p-value=0.04302

从结论可知，性别在不同来源地之间的分布还是有一定差异的。

练习题

1. X_1，X_2，$\cdots$，X_n是服从正态分布的独立样本，求 μ 的置信度为 $1-\alpha$ 的置信区间。如果取得如下观测值：1.8，2.1，2.0，2.2，1.9，2.2，1.8，求 μ 的区间估计值。

2. 某送信服务公司登出广告声称它的本地信件传送时间不长于 6 小时，随机抽样其传送一包裹到一指定地址所花时间如下：7.2，3.5，4.3，6.2，10.1，5.4，6.8，4.5，5.1，6.6，3.8 和 8.2 小时，求平均传送时间的 95% 置信度的置信区间。

3. 过去大量资料显示，某厂生产的灯泡的使用寿命服从正态分布 $N(1\,020, 100^2)$。现从最近生产的一批产品中随机抽取 16 只，测得样本平均寿命为 1 080 小时。试在 0.05 的显著性水平下判断这批产品的使用寿命是否有显著提高。（$\alpha = 0.05$）

4. 一家制造商生产钢棒，为了提高质量，如果某新的生产工艺生产出的钢棒的断裂强度大于现有平均断裂强度标准的话，公司将采用该工艺。当前钢棒的平均断裂强度标准是 500 千克，对新工艺生产的钢棒进行抽样检验，12 件棒材的断裂强度如下：502，496，510，508，506，498，512，497，515，503，510 和 506 千克，假设断裂强度的分布比较近似于正态分布，问新工艺是否提高了平均断裂强度？

5. 一员工对乘当地公交车上班快还是自己开车快产生了兴趣。在一次试验中，她用两种交通方式各进行了 10 天，每一种方式的天数是随机选取的，她每天同一时刻离开家，然后记录到达工作地的时间。坐公交车的时间为：48，47，44，45，46，47，43，47，42 和 48 分钟；自己开车去的时间为：36，45，47，38，39，42，36，42，46 和 35 分钟。假设乘车时间服从正态分布，试按下列要求进行分析，这些数据能提供充分的证据说明开车去的平均时间短吗？用显著水平 5%，并考虑用单尾检验还是双尾检验。

（1）方差齐性检验。

（2）均值的检验（方差不齐时）。

（3）均值的检验（方差齐性时）。

6. 某化工厂为了提高某种化学药品的得率，提出了两种工艺方案，为了研究哪一种方案好，分别用两种工艺各进行了 10 次试验，数据如下：

$$\overline{X}_1 = 65.96, \quad \overline{X}_2 = 69.43, \quad S_1^2 = 3.351\,6, \quad S_2^2 = 2.224\,6$$

假设得率分别服从 $N_1(m_1, S_1^2)$，$N_2(m_2, S_2^2)$，问方案乙是否比方案甲能显著提高得率？（取 $\alpha = 0.05$）

7. 为测定一个大型化工厂对周围环境的污染，选了 A1，A2，A3，A4 四个观察点，在每个观察点上各测定 4 次空气中 SO_2 的含量，现得到每一观察点上 4 次观察的均值及 4 次观察的标准差，$i = 1$，2，3，4，数据如下：

观察点	A1	A2	A3	A4
均　值	0.031	0.100	0.079	0.058
标准差	0.009	0.014	0.010	0.011

假定每一观察点上 SO_2 的含量服从正态分布，且方差相等，试问在显著水平 $\alpha = 0.05$ 上各观察点空气中 SO_2 的平均含量有无显著差异？

8. 某保险公司对其当年的车险索赔进行了抽样调查，得到下面数据（单位：元）：21 240，4 632，22 836，5 484，5 052，5 064，6 972，7 596，14 760，15 012，18 720，9 480，4 728，67 200，52 788。车险索赔额不是一个正态分布，所以对其检验就不能用 t 检验，而需用非参数的 wilcoxon 符号秩检验，在上面关于保险公司车险索赔的调查中，已知上年车险索赔的中位数为 5 080 元，问是否可以说当年的索赔额的中位数与上年有显著的不同？

9. 以习题 5 员工对乘当地公交车上班快还是自己开车快数据为例来进行非参数检验。

10. 某型号化油器原中小喉管的结构使油耗较大，为节约能源，设想了两种改进方案以降低油耗。油耗的多少用比油耗进行度量，现在对用各种结构的中小喉管制造的化油器分别测定其比油耗，数据如下：

A1（原结构）　　11　12.8　7.6　8.3　4.7　5.5　9.3　10.3
A2（改进方案1）　2.8　4.5　−1.5　0.2
A3（改进方案2）　4.3　6.1　1.4　3.6

试问中小喉管的结构对平均比油耗的影响是否显著（分别进行参数和非参数检验）。

11. 5 个英语中最常用的字母近似地服从下述分布（真实的分布其实是关于全部 26 个字母的，现简化为只有 5 个字母的情况）：

letter	E	T	N	R	O
freq	29	21	17	17	16

上述分布的意思是，当字母 E，T，N，R，O 出现时，平均 100 次中有 29 次是字母 E 而不是其他 4 个字母，此信息对在密码学中破译一些基本的密码时非常有用。假设分析一篇文章，计算字母 E，T，N，R 和 O 的出现次数，得到如下频数分布：

letter	E	T	N	R	O
freq	100	110	80	55	14

试做一个卡方拟合优度检验，以检验文章是否是用英语写的。

12. 在遇到车祸的情况下，乘客有系安全带和没系安全带时受到的冲击力数据如下：

受伤情况	无	轻微	较重	严重
系安全带	12 813	647	359	42
没系安全带	65 963	4 000	2 642	303

各因子之间是否独立，安全带是否起作用？对此数据进行卡方独立性检验。

7 基本统计分析模型

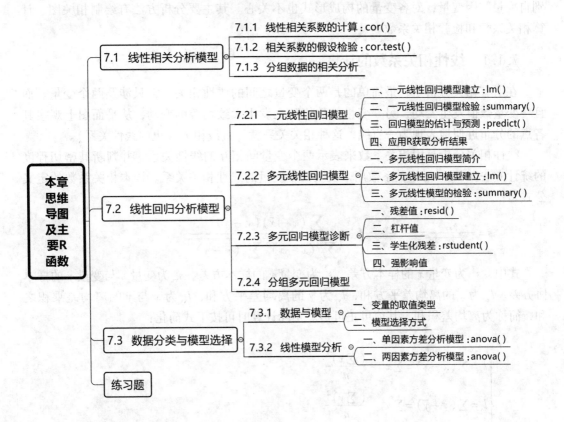

前面几章所介绍的各种分析方法，每个问题中仅涉及一个变量，即所测量或观察的只有一项指标。这些方法侧重反映了相应指标的抽样情况，或对该项指标在不同分组间的差别性作出推断。在现实问题中，许多事物或现象之间是相互制约、相互影响的。本章从相关性的角度，考察两个变量间的相关关系。研究现象之间相关关系的理论和方法称为相关分析法。回归分析是研究某一随机变量（因变量）与其他一个或多个普通变量（自变量）之间的依存关系和模型。

7.1 线性相关分析模型

相关分析就是要通过对大量数字资料的观察，消除偶然因素的影响，探求现象之间相关关系的密切程度和表现形式。研究现象之间相关关系的理论方法称为相关分析法。

在经济系统中，各个经济变量常常存在密切的关系。例如，经济增长与财政收入，人均收入与消费支出等。在这些关系中，有一些是严格的函数关系，这类关系可以用数学表达式表示出来。例如，在价格一定的条件下，商品销售额与销售量的依存关系。还有一些是非确定的关系，一个变量产生变动会影响其他变量，使其产生变化。其变化具有随机的特性，但是仍然遵循一定的规律。对于函数关系可以很容易地解决，而对那些非确定的相关关系，才是我们所关心的问题。因为在经济系统中，绝大多数经济变量之间的关系是非严格的、不确定的。

相关分析以现象之间是否相关、相关的方向和密切程度等为主要研究对象，它不区别自变量与因变量，对各变量的构成形式也不关心。其主要分析方法有绘制相关图、计算相关系数和检验相关系数。

7.1.1　线性相关系数的计算

在所有相关分析中，最简单的是两个变量之间的线性相关，它只涉及两个变量。而且一变量数值发生变动，另一变量的数值随之发生大致均等的变动，从平面图上观察其各点的分布近似地表现为一直线，这种相关关系就为直线相关（也叫线性关系）。

线性相关分析是用相关系数来表示两个变量间相互的线性关系，并判断其密切程度的统计方法。Pearson 相关系数用来反映两个变量的线性相关关系。样本相关系数的定义公式是：

$$r = \frac{s_{xy}}{\sqrt{s_x^2 \cdot s_y^2}} = \frac{l_{xy}}{\sqrt{l_{xx} \cdot l_{yy}}} = \frac{\sum (x - \bar{x})(y - \bar{y})}{\sqrt{\sum (x - \bar{x})^2 \sum (y - \bar{y})^2}}$$

式中，s_x^2 为变量 x 的样本方差，s_y^2 为变量 y 的样本方差，s_{xy} 为变量 x 与变量 y 的样本协方差。l_{xx} 为 x 的离均差平方和，l_{yy} 为 y 的离均差平方和，l_{xy} 为 x 与 y 的离均差乘积之和，简称为离均差积和，其值可正可负。实际计算时可按下式简化：

$$\begin{cases} l_{xx} = \sum (x - \bar{x})^2 = \sum x^2 - \dfrac{(\sum x)^2}{n} \\[2mm] l_{yy} = \sum (y - \bar{y})^2 = \sum y^2 - \dfrac{(\sum y)^2}{n} \\[2mm] l_{xy} = \sum (x - \bar{x})(y - \bar{y}) = \sum xy - \dfrac{(\sum x)(\sum y)}{n} \end{cases}$$

为了下面编程方便起见，我们令 $X=$身高，$Y=$体重。

```
X=UG$height;Y=UG$weight
plot(X,Y);plot(Y,X)
```

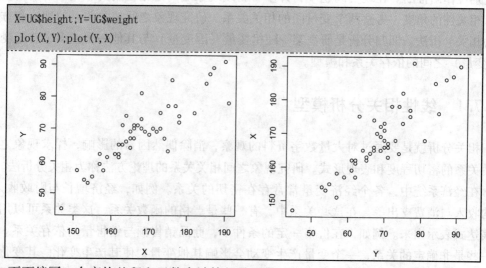

下面编写一个离均差积和函数来计算相关系数。

```
lxy<-function(x,y){
  n=length(x);
  L=sum(x*y) - sum(x)*sum(y)/n
  L
}
lxy(X,X)
```

```
[1]4923.9
```

```
lxy(Y,Y)
```

```
[1]4363.9
```

```
lxy(X,Y)
```

```
[1]4096.4
```

```
r=lxy(X,Y)/sqrt(lxy(X,X)*lxy(Y,Y))
r
```

```
[1]0.8837
```

在 R 语言中求相关系数的函数是 cor()。

```
cor(X,Y)
```

```
[1]0.8837
```

```
cor(Y,X)
```

```
[1]0.8837
```

　　虽然身高和体重的散点图与体重和身高的散点图不一样，但其相关系数是一样的，都为 0.883 7，说明这两个变量具有较高的线性相关程度。

　　这里相关系数为正值，说明该组学生的身高与体重之间呈现正的线性相关关系。至于相关系数 r 是否显著，尚需进行假设检验。

　　Pearson 相关系数的取值范围是 $[-1,1]$，当 $-1 < r < 0$，表示具有负线性相关，越接近 -1，负相关性越强。$0 < r < 1$，表示具有正线性相关，越接近 1，正相关性越强。$r=-1$ 表示具有完全负线性相关，$r=1$ 表示具有完全正线性相关，$r=0$ 表示两个变量不具有线性相关性。

```
set.seed(123)
x=runif(20);e=rnorm(20)
y1=3 + 10*x + e;y2=3-10*x + e;
par(mfrow=c(2,2))
  plot(x,y=x,type="b");text(0.2,0.8,paste("r=",round(cor(x,x),4)))
  plot(x,y=-x,type="b");text(0.8,-0.2,paste("r=",round(cor(x,-x),4)))
  plot(x,y1);abline(3,10);text(0.2,10,paste("r=",round(cor(x,y1),4)))
  plot(x,y2);abline(3,-10);text(0.8,0,paste("r=",round(cor(x,y2),4)))
par(mfrow=c(1,1))
```

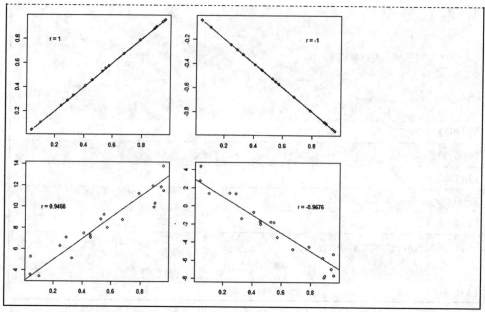

所以，一般来说，在求两个变量的线性相关系数之前最好绘制两个变量间的散点图，从中来考察它们之间的线性相关程度，然后估计它们之间的相关系数以衡量它们之间的线性相关的密切程度。从公式可以看出，相关系数具有如下性质：

（1）相关系数可正可负；

（2）相关系数的区间是 $[-1,1]$，即 $|r| \leqslant 1$；

（3）具有对称性，即 x 与 y 之间的相关系数（r_{xy}）和 y 与 x 之间的相关系数（r_{yx}）相等；

（4）相关系数与原点和尺度无关。

7.1.2　相关系数的假设检验

r 与其他统计指标一样，也有抽样误差。从同一总体内抽取若干大小相同的样本，各样本的相关系数总有波动。要判断不等于 0 的 r 值是来自总体相关系数 $\rho=0$ 的总体还是来自 $\rho\neq0$ 的总体，必须进行显著性检验。

来自 $\rho=0$ 的总体的所有样本相关系数呈对称分布，故 r 的显著性可用 t 检验来进行。对 r 进行 t 检验的步骤为：

（1）建立检验假设：H_0: $\rho=0$，H_1: $\rho\neq0$，$\alpha=0.05$。

（2）计算相关系数 r 的 t 值：

$$t_r = \frac{r-0}{\sqrt{\dfrac{1-r^2}{n-2}}}$$

```
n=length(X)
tr=r/sqrt((1-r^2)/(n-2))        #计算 tr
tr
```

[1]12.81

（3）计算 t 值和 p 值，作结论。

可直接用 R 语言中检验相关系数的函数 cor. test()。

```
cor.test(X,Y)
```

Pearson's product-moment correlation

data：X and Y

t=12.81,df=46,p-value < 2.2e-16

alternative hypothesis：true correlation is not equal to 0

95 percent confidence interval：

0.8006　0.9335

sample estimates：

cor

0.8837

由于 $p < 0.05$，因此在 $\alpha=0.05$ 水准上拒绝 H_0，不拒绝 H_1，可认为该学生人群身高与体重呈现正的线性关系。

下面简要说明相关分析的注意事项：

（1）如果 X 与 Y 统计上独立，则它们之间的相关系数为零；但是 $r=0$ 不等于说两个变量是独立的。即零相关并不一定意味着独立性。

（2）相关系数的显著性与自由度有关，如 $n=3$，$n-2=1$ 时，虽然 $r=-0.9070$，却为不显著；若 $n=400$ 时，即使 $r=-0.1000$，亦为显著。因此，不能只看 r 的值就下结论，还需看其样本含量大小。

（3）相关系数是线性关联或线性相依的一个度量，它不能用于描述非线性关系。

（4）虽然相关系数是两个变量之间的线性关联的一个度量，却不一定有因果关系的含义。

（5）做相关分析时，必须剔除异常点。异常点即为一些特大或特小的离群值，相关系数的数值受这些点的影响较大，有此点时两变量相关，无此点时可能就不相关了。所以，应及时复核，对由于测定、记录或计算机录入的错误数据，应予以修正和剔除。

（6）相关分析要有实际意义，两变量相关并不代表两变量间一定存在内在联系。如根据儿童身高与小树高度资料算出的相关系数，是由于时间变量与二者的潜在联系，造成了儿童身高与树高相关的假象。

（7）对相关分析的作用要正确理解。相关分析只是以相关系数来描述两个变量间相互关系的密切程度和方向，并不能阐明两事物或现象间存在联系的本质。而且相关并不一定就是因果关系，切不可单纯依靠相关系数或回归系数的显著性"证明"因果关系之存在。要证明两事物间的因果关系，必须凭借专业知识从理论上加以阐明。但是，当事物间的因果关系未被认识前，相关分析可为理论研究提供线索。

7.1.3　分组数据的相关分析

下面我们来研究基于性别分组的学生身高和体重之间的线性相关分析。这里我们将性别作为分组变量。

一、绘制分组散点图

```
library(lattice)      #载入 lattice 包
xyplot(weight~height|sex,data=UG)
```

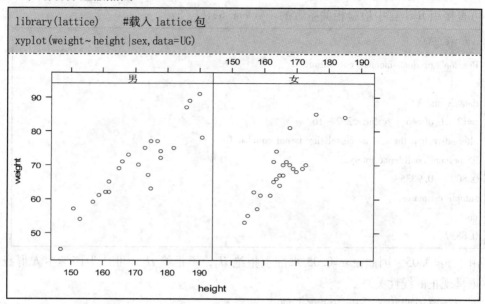

二、分组相关分析

```
cor.test(~weight + height,data=UG[UG$sex=='男',])
```

> Pearson's product-moment correlation
>
> data：weight and height
> t=10.7,df=23,p-value=2.094e-10
> alternative hypothesis：true correlation is not equal to 0
> 95 percent confidence interval：
>   0.8092   0.9611
> sample estimates：
>   cor
> 0.9126

```
cor.test(~weight + height,data=UG[UG$sex=='女',])
```

> Pearson's product-moment correlation
>
> data：weight and height
> t=7.391,df=21,p-value=2.861e-07
> alternative hypothesis：true correlation is not equal to 0
> 95 percent confidence interval：
>   0.6737   0.9347
> sample estimates：
>   cor
> 0.8499

同理可对其他分组变量进行相关关系分析。

7.2　线性回归分析模型

线性回归分析模型是非常重要的统计学工具。回归分析包括对现象间具体的相关形式的分析，在回归分析中根据研究的目的，应区分自变量和因变量，并研究确定自变量和因变量之间的具体关系的方程形式。

7.2.1　一元线性回归模型

一、一元线性回归模型建立

回归分析是将相关的因素进行测定，确定其因果关系，并以数学模型来表现其具体关系式，从而进行的各类统计分析。分析中所形成的这种关系式称为回归模型，其中以一条直线方程表明两变量相关关系的模型称为一元线性回归模型。

$$y = \beta_0 + \beta_1 x + \varepsilon$$

在相关图中如果自变量和因变量对应的散点图大致呈直线型，或计算出的相关系数具有显著的直线相关关系，则可拟合成一条直线。

直线方程的模型为：

$$\hat{y} = a + bx$$

式中，$\hat{y}$ 表示因变量 y 的估计理论值，x 为自变量的实际值，a、b 为待定参数，是 β_0 和 β_1 的估计值。其几何意义是：a 是直线方程的截距，b 是斜率。其经济意义是：a 是当 x 为零时 y 的估计值，b 是当 x 每增加一个单位时 y 增加的数量，b 也叫回归系数。

拟合回归直线的目的是找到一条理想的直线，用直线上的点来代表所有的相关点。数理统计证明，用最小平方法配合的直线最理想，最具有代表性。计算 a 与 b 常用最小二乘估计（least square estimate）的方法。

由散点图可见，虽然 x 与 y 间有直线趋势存在，但并不是一一对应的。每一例实测的 y 值 y_i 与 x_i 经回归方程估计的 $\hat{y}_i$ 值（即直线上的点）或多或少存在一定的差距。这些差距可以用（$y_i - \hat{y}_i$）来表示，称为估计误差或残差（residual）。要使回归方程比较"理想"，很自然会想到应该使这些估计误差尽量小一些，也就是使估计误差的平方和

$$Q = \sum_{i=1}^{n} (y_i - \hat{y}_i)^2 = \sum_{i=1}^{n} [y_i - (a + bx_i)]^2$$

达到最小。对 Q 求关于 a 和 b 的偏导数，并令其等于零，可得

$$b = \frac{\sum_{i=1}^{n}(x_i - \bar{x})(y_i - \bar{y})}{\sum_{i=1}^{n}(x_i - \bar{x})^2} = \frac{l_{xy}}{l_{xx}}, \quad a = \bar{y} - b\bar{x}$$

为了让大家进一步理解 R 语言的编程技巧，下面我们再编写一个函数来计算相关系数。

```
b=lxy(X,Y)/lxy(X,X)
```

```
[1]0.8319
```

```
a=mean(y) - b* mean(x)
```
```
[1] -70.981
```

一般可直接使用 R 语言中的函数 lm 来构建一个线性模型，用命令 plot 和 abline 来绘制图形和回归线。

```
fm=lm(Y~X);fm
Call：
lm(formula=Y ~ X)

Coefficients：
( Intercept )              X
 -70.981           0.8319
```

```
plot(Y~X);abline(fm)              #根据回归模型绘制回归线
```

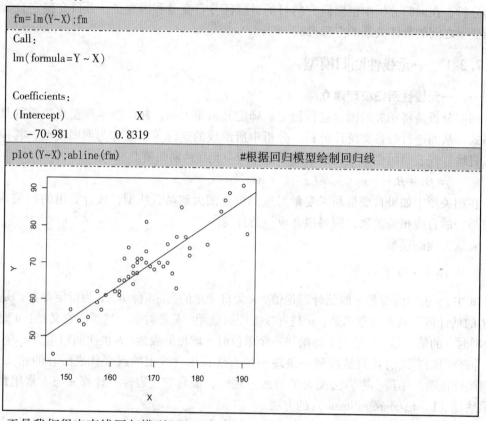

于是我们得出直线回归模型 $Y= -70.981 +0.831\ 9\ X$。

对象 fm 包括了输出模型，使用 summary 便可以看到所有的输出结果，见下文。

二、一元线性回归模型检验

线性回归模型的主要步骤有：建立回归模型、求解回归模型中的参数、对回归模型进行检验等。

如果统计模型能够较好地拟合数据，那么就可以进行统计推断。模型中有三个参数：σ、β_0 和 β_1。

1. 关于 σ

这里 σ 为误差项的标准差。如果有确切的回归线，那么误差项和残差就是一致的，故此时可利用残差值来告诉我们 σ 的值。

而 $s^2=\dfrac{1}{n-2}\sum\ (\hat{y}_i -y_i)^2=\dfrac{1}{n-2}\sum e_i^2$ 是 σ^2 的无偏估计，即 s^2 的抽样分布均值为 σ^2。式子除以 $(n-2)$ 表明这不是残差的样本方差，$(n-2)$ 直观地来自两个估计的参数 β_0 和 β_1。

2. β_0 的推断 a

同样，亦可做关于 β_0 的统计检验。R 包含了 $\beta_0 = 0$ 的检验，以判断直线是否通过原点。β_0 的估计值 a 同样是无偏的，其标准误为：

$$s_a = s\sqrt{\frac{\sum x_i^2}{n\sum (x_i - \bar{x})^2}} = s\sqrt{\frac{1}{n} + \frac{x^2}{\sum (x_i - \bar{x})^2}}$$

基于此，统计量 $t_a = \dfrac{a - \beta_0}{s_a}$ 服从自由度为 $(n-2)$ 的 t 分布。

3. β_1 的推断 b

β_1 的估计量 b 为回归线的斜率，也是一个无偏估计量。其标准误为：

$$s_b = \frac{s}{\sqrt{\sum (x_i - \bar{x})^2}}$$

如果原假设为 H_0：$\beta_1 = 0$，备择假设为 H_1：$\beta_1 \neq 0$，那么，计算统计量

$$t_b = \frac{b - \beta_1}{s_b}$$

并找到相应的 p 值。

R 会自动地作关于假定 H_0：$\beta_1 = 0$ 的（无斜率）假设检验。下面我们可看到 p 值包含在 summary 命令输出结果的 Pr（$> |t|$）列中：

```
fm=lm(weight~height,data=UG)        #拟合模型
summary(fm)                          #模型检验
```

Call：lm(formula=weight ~ height,data=UG)

Residuals：

Min	1Q	Median	3Q	Max
-11.609	-2.831	0.127	2.471	12.215

Coefficients：

	Estimate	Std. Error	t value	Pr(>|t|)	
(Intercept)	-70.981	10.947	-6.48	5.4e-08	***
height	0.832	0.065	12.81	<2e-16	***

- - -

Signif. codes：0 ' *** ' 0.001 ' ** ' 0.01 ' * ' 0.05 '.' 0.1 ' ' 1

Residual standard error：4.56 on 46 degrees of freedom

Multiple R-squared：0.781,   Adjusted R-squared：0.776

F-statistic：164 on 1 and 46 DF,p-value：<2e-16

从中可以看出，模型的截距（intercept）和斜率的 p 值都小于 0.001，说明身高对体重有显著的线性影响。

三、回归模型的估计与预测

建立模型有三个主要的作用：①影响因素分析；②进行估计；③进行预测。

上面我们主要探讨了线性回归模型的影响因素，下面用模型来进行估计和预测。其实它们是一个问题，估计就是在自变量范围内对因变量的估算，预测是在自变量范围以外对因变量的推算。R 语言所用的命令都是 predict（相当于将自变量值代入模型中计算）。如 predict（fm）相当于模型的拟合值 fitted（fm）。

```
predict(fm,data.frame(height=160))     #估计 height=160 时的 weight 值
```

```
62.13
```

```
predict(fm,data.frame(height=c(150,160,170,180,190,200)))
```

1	2	3	4	5	6
53.81	62.13	70.45	78.77	87.09	95.41

四、应用 R 获取分析结果

因为 R 语言是一个面向对象的统计软件，所以它具有其他统计软件不具有的优点就是其面向对象功能，即可获得大量的中间结果。这对进一步的数据分析有极大的帮助，且对统计方法进一步的改进和研究提供了途径。

下面就调用上面建立的 lm 命令输出中间结果，具体如下：

（1）创建一个 lm 对象：使用 lm 函数并储存结果。

```
fm=lm(weight~height,data=UG)         #将对象的结果保存到变量 fm 中
```

（2）查看对象的元素：names 将给出对象 fm 的大部分细节信息。

```
names(fm)
[1]"coefficients"     "residuals"      "effects"       "rank"
[5]"fitted.values"    "assign"         "qr"            "df.residual"
[9]"xlevels"          "call"           "terms"         "model"
```

（3）调用回归系数：函数 coef 返回一个系数向量。

```
coef(fm)     #fm$coef
(Intercept)        height
 -70.9814         0.8319
```

若要得到单个值，可用序号去引用它们，或者按如下方法命名。

```
coef(fm)[1]        #这将得到截距的值
(Intercept)
 -70.98
```

```
coef(fm)[2]        #这将得到斜率的值
height
0.8319
```

（4）调用残差：可使用 resid 命令。

```
resid(fm)   #fm$resid
```

1	2	3	4	5	6	7	8	…
0.5428	1.2066	3.2400	0.7108	2.7108	4.4081	-3.1128	2.3580	…

（5）得到拟合值：使用 fitted.values 命令。

```
fitted(fm)   #fm$fitted
```

1	2	3	4	5	6	7	8	9	10	11	12	…
65.46	63.79	83.76	66.29	66.29	84.59	72.11	54.64	59.63	67.12	73.78	72.94	…

（6）得到预测值：可使用函数 predict 来得到预测值，但需要一个数据框，其列名代表预测值或解释变量。在此例中，自变量名为 height，我们可按如下方法得到 height=200 时 weight 的预测值。

```
predict(fm,data.frame(height=200))
```
```
95.41
```

（7）检验结果：像往常一样，summary 将给出大部分细节信息，但 summary 输出的结果也可以是一个对象，从中也包含许多检验结果的信息。

```
sfm=summary(fm);sfm
names(sfm)
```
```
[1]"call"           "terms"          "residuals"      "coefficients"
[5]"aliased"        "sigma"          "df"             "r.squared"
[9]"adj.r.squared"  "fstatistic"     "cov.unscaled"
```

对象 sfm 中包含了模型检验的一些统计量，如决定系数 r.squared，校正的决定系数 adj.r.squared，以及 F 检验统计量 fstatistic。这就是 R 语言强大之处，比如我们要获得模型的决定系数、校正的决定系数以及 F 统计量。

```
sfm$r.sq
```
```
[1]0.7809
```
```
sfm$adj.r.sq
```
```
[1]0.7762
```
```
sfm$fstat
```
```
value  numdf  dendf
164      1      46
```

（8）得到标准误：标准误（Std. Error）出现在 summary 的输出结果中。如果方法得当，那么调用它们是完全可能的。Coefficients 会将 summary 的输出结果返回在一个矩阵中。

```
sfm$coef
```

	Estimate	Std. Error	t value	Pr(>|t|)
(Intercept)	−70.9814	10.94744	−6.484	5.434e-08
height	0.8319	0.06496	12.806	8.955e-17

为得到 height 的 t 值和 p 值，引用第 2 行第 3 列和第 4 列，可利用序号来操作。

```
t=sfm$coef[2,3];t
```
```
[1]12.81
```
```
P=sfm$coef[2,4];P
```
```
[1]8.955e-17
```

下面的程序将产生身高和体重回归的 95% 置信区间，其中宽些的为个值的相应置信区间。

```
X=UG$height;Y=UG$weight
fm=lm(Y~X)
sX=sort(X)                                         #先将 height 值排序
pred=predict(fm,data.frame(X=sX),interval="confidence")   #计算置信区间
conf=predict(fm,data.frame(X=sX),interval="prediction")   #计算预测区间
plot(X,Y);abline(fm)                               #散点图和回归线
lines(sX,conf[,2]);lines(sX,conf[,3])              #95%置信区间线
lines(sX,pred[,2],lty=3);lines(sX,pred[,3],lty=3)  #95%预测区间线
```

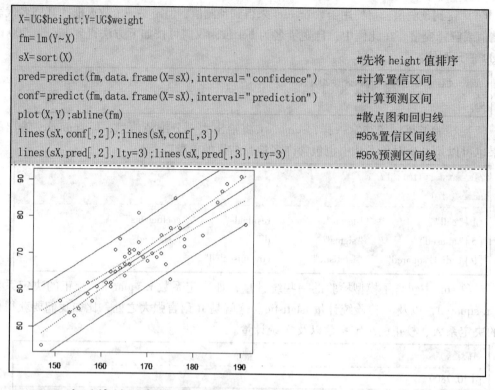

7.2.2　多元线性回归模型

一元线性回归是用来度量一个自变量对因变量的影响程度的。形象地说就是，如果一个变量变动一定的量，那么另一个变量将变动那个量的一定倍数（那个倍数就是回归线的斜率）。多元线性回归也是类似的，只不过有多个自变量或回归元。在实际中，有许多情形适用于多元线性回归。比如，一套新房的价格取决于诸多因素——卧室个数、浴室个数、屋子的地理位置等。建造房屋时，若建造一个额外的房间，需增加一定的成本，这将反映在房屋的造价上。事实上，新加一个东西对应一个标价，比如，添置一个新柜子需 1 000 元。现在你要买进一套老房子，但不确定价格为多少。然而，人们有计算房屋价格的经验法则。例如，多一个卧室可能要加 30 000 元，多一个浴室需要加 15 000 元，或者由于房子在闹市的原因可减去 10 000 元。这些都是用几个变量解释房屋成本线性模型的直观运用。类似地，人们或许会将这些直觉运用于购买汽车或电脑上。线性回归也可运用于决策行为，如果你被一所大学录取，那么在此之前那所大学很可能使用过一些公式来评估你的申请，比如基于高中时的 GPA 成绩、SAT 之类的标准化考试分、高中课程的难度、推荐信的推荐力度等，这些因素都将显现潜在素质。尽管可能没有明显的理由去拟合一个线性模型，但工具使用起来非常简单。

一、多元线性回归模型简介

前面介绍了一元线性回归分析，研究一个因变量与一个自变量间呈直线趋势的数量关系。在实际中，我们常会遇到一个因变量与多个自变量数量关系的问题。

设随机变量 y 与一般变量 x 之间的关系是线性的，其回归模型为：

$$y=\beta_0+\beta_1 x_1+\beta_2 x_2+\cdots+\beta_p x_p+\varepsilon$$

其中，x_1，x_2，$\cdots$，x_p 称为自变量或解释变量，一般来说不是随机变量；ε 代表自变

量对 y 的综合影响，称为随机误差项。根据中心极限定理，可认为 ε 服从正态分布，即 $\varepsilon \sim N(0, \sigma^2)$；$y$ 被称为因变量。

例如，考察全国人均国民收入与人均消费额之间线性关系可用一元线性回归模型，如果我们想进一步考察全国人均国民收入与人均消费额、性别、年龄、受教育程度等之间的关系就需要建立多元线性回归模型。与一元线性回归类似，一个因变量与多个自变量间的这种线性数量关系也可以用多元线性回归方程来表示。

$$\hat{y} = \hat{\beta}_0 + \hat{\beta}_1 x_1 + \hat{\beta}_2 x_2 + \cdots + \hat{\beta}_p x_p$$

式中，$\hat{\beta}_0$ 相当于直线回归方程中的常数项 a，$\hat{\beta}_i$（$i=1, 2, \cdots, p$）称为偏回归系数（partial regression coefficient），其意义与一元回归方程中的回归系数 b 相似。当其他自变量对应变量的线性影响固定时，$\hat{\beta}_i$ 反映了第 i 个自变量 x_i 对因变量 y 线性影响的数量。这样的回归称为因变量 y 在这一组自变量 x 上的回归。习惯上把多重线性回归称为多重回归或多元线性回归。

当我们得到 n 组观测数据 $(x_1, x_2, \cdots, x_p, y_i)$ 时，$i=1, 2, \cdots, n$，线性回归模型可表示为：

$$\begin{cases} y_1 = \beta_0 + \beta_1 x_{11} + \beta_2 x_{12} + \cdots + \beta_p x_{1p} + \varepsilon_1 \\ y_2 = \beta_0 + \beta_1 x_{21} + \beta_2 x_{22} + \cdots + \beta_p x_{2p} + \varepsilon_2 \\ \vdots \\ y_n = \beta_0 + \beta_1 x_{n1} + \beta_2 x_{n2} + \cdots + \beta_p x_{np} + \varepsilon_n \end{cases}$$

将其写成矩阵形式：$y = X\beta + \varepsilon$，其中：

$$y = \begin{bmatrix} y_1 \\ y_2 \\ \vdots \\ y_n \end{bmatrix}, \quad X = \begin{bmatrix} 1 & x_{11} & x_{12} & \cdots & x_{1p} \\ 1 & x_{21} & x_{22} & \cdots & x_{2p} \\ \vdots & \vdots & \vdots & \vdots & \vdots \\ 1 & x_{n1} & x_{n2} & \cdots & x_{np} \end{bmatrix}, \quad \beta = \begin{bmatrix} \beta_0 \\ \beta_1 \\ \vdots \\ \beta_p \end{bmatrix}, \quad \varepsilon = \begin{bmatrix} \varepsilon_1 \\ \varepsilon_2 \\ \vdots \\ \varepsilon_n \end{bmatrix}$$

从多元线性回归模型可知，若模型参数 β 的估计量 $\hat{\beta}$ 已获得，则 $\hat{y} = X\hat{\beta}$。观察值 y_i 与对应的估计值 $\hat{y}_i$ 之间的差，称作残差，记作：$e_i = y_i - \hat{y}_i$。根据最小二乘法原理，所选择的估计方法应使得所有样本点上的残差平方和达到最小，即使得：

$$Q = \sum_{i=1}^{n} (y_i - \hat{y}_i)^2 = e'e = (y - X\beta)'(y - X\beta)$$

达到最小。根据微积分求极值的原理，Q 对 β 求导，并令其结果等于 0，可求得使 Q 达到最小的 β，即 $\hat{\beta} = (X'X)^{-1}X'y$，得到的回归模型为：

$$\hat{y} = \hat{\beta}_0 + \hat{\beta}_1 x_1 + \hat{\beta}_2 x_2 + \cdots + \hat{\beta}_p x_p$$

二、多元线性回归模型建立

在 R 语言中，建立多元线性回归模型的方法跟一元线性回归模型的步骤完全一样，只是在模型的形式中增加变量而已。比如前文考察了学生体重和身高的关系，并建立了一元线性回归模型，下面将进一步考察学生的体重与身高和家庭收入之间的关系。

```
fm=lm(weight~height+income,data=UG);fm
```
Call:
lm(formula=weight ~ height+income,data=UG)

Coefficients：

(Intercept)	height	income
− 71.86674	0.83885	− 0.00994

于是，我们得线性回归模型：

$$weight = -71.866\ 74 + 0.838\ 85\ height - 0.009\ 94\ income$$

同一元线性回归分析一样，常需检验回归模型的有效性和合理性，是否与变量之间的客观规律一致，变量之间的关系是否为线性关系等。一般情况下，需要经过统计检验，只有当回归模型通过所有检验时才成立。

统计检验是运用数理统计的方法，对模型所建立的方程以及模型中的参数进行检验，主要有以下三种：t 检验（变量的显著性检验）、F 检验（模型的显著性检验）和 R^2 检验（模型的拟合优度检验，这里 R^2 检验等价于 F 检验）。如何根据所给资料的性质和研究的目的选择合适的统计检验方法，是很多初学者感到比较棘手的问题。下面将介绍各种统计检验方法所要求的前提条件和适用场合。

（1）t 检验：选出主要因素，删除可有可无的因素。

多元回归线性方程具有统计学意义并不说明每个偏回归系数 β 都有意义，所以需要对偏回归系数进行检验。当某个自变量对因变量的影响很小时，则应该将它从方程中删除，重新建立更为简单的回归方程。用 t 统计量对偏回归系数作检验。

检验假设 H_{0j}：$\beta_j = 0$，H_{1j}：$\beta_j \neq 0$。当 H_{0j} 成立时，$\hat{\beta} \sim N(\beta,\ \sigma^2\ (X'X)^{-1})$，统计量 t_j 服从自由度为 $(n-p-1)$ 的 t 分布，即

$$t_j = \frac{\hat{\beta}_j - \beta_j}{S_{\hat{\beta}_j}},\ j=1,\ 2,\ \cdots,\ p$$

在给定显著性水平 α 下，查出双侧检验的临界值 $t_{1-\alpha/2}$，当 $|t_j| \geq t_{1-\alpha/2}$ 时，拒绝零假设 H_{0j}，认为 β_j 显著不为 0，自变量 x_j 对因变量 y 的线性效果显著；反之，不拒绝零假设 H_{0j}，即自变量 x_j 对因变量 y 的线性效果不显著，在建立回归方程时可删除该自变量。

（2）F 检验：用于判断自变量和因变量之间是否具有线性关系。对于多元线性回归方程，检验因变量 y 与自变量 x 之间的线性关系是否显著，即检验假设：

H_0：模型无意义，即 $\beta_0 = \beta_1 = \cdots = \beta_p = 0$；

H_1：模型有意义，即 β 至少有一个 β_j 不为 0。

由上面可知，总离均差和可以分解成残差平方和、回归平方和两部分。

计算这两部分的均方：$MS_{回} = \dfrac{S_{回}}{p}$，$MS_{残} = \dfrac{S_{残}}{n-p-1}$。

假设检验是 H_0，这就意味着因变量 y 与所有的自变量都不存在回归关系，多元线性回归方程没有意义，当 H_0 成立时，有：

$$F = \frac{MS_{回}}{MS_{残}} \sim F(p, n-p-1)$$

即 F 服从 F 分布，这样就可以用 F 统计量来检验回归方程是否有意义。首先计算出统计量 F，在给定的显著性水平 α 下，若 $F > F_\alpha$，则拒绝 H_0，接受 H_1，即因变量和自变量之间的回归效果显著；反之，则不显著。

需要注意的是，在一元线性回归分析（即只有一个自变量）中，t 检验和 F 检验的作用是一样的，只需做 t 检验即可。

事实上，命令 lm 只默认返回公式的系数，使用 summary 和 anova 可以输出更多信息。summary 的输出结果和简单回归非常相似。

首先，命令 summary 返回 lm 使用的模型，接着是残差的五数汇总。更为重要的是，回归系数被放在一张表中，且表中提供了系数的估计值（在 Estimate 列中）、它们的标准误（在 Std. Error 列中）、假设检验 $\beta_i = 0$ 的 t 值（在 t value 列中）和相应的双边检验 p 值。在 y 行中，小的 p 值加上了 $***$。知道了前两列的数据和自由度，要做其他检验也就有可能了。残差的标准误和自由度一并给出，这允许我们查看残差的相关情况，并可用 residuals 方法调出残差。输出结果亦给出了多元调整 R^2，R^2 意为模型能够解释的方差部分。最后给出了 F 统计量，对应的 p 值来自 $\beta_1 = \beta_2 = \cdots = \beta_p = 0$ 的假设检验。

三、多元线性模型的检验

```
summary(fm)
```

Call：
lm(formula=weight ~ height + income, data=UG)
Residuals：

Min	1Q	Median	3Q	Max
-11.795	-2.883	0.207	2.512	11.988

Coefficients：

	Estimate	Std. Error	t value	Pr(>|t|)	
(Intercept)	-71.86674	11.25338	-6.39	8.3e-08	***
height	0.83885	0.06766	12.40	4.1e-16	***
income	-0.00994	0.02406	-0.41	0.68	

- - -

Signif. codes： 0 '***' 0.001 '**' 0.01 '*' 0.05 '.' 0.1 ' ' 1

Residual standard error：4.6 on 45 degrees of freedom
Multiple R-squared：0.782，Adjusted R-squared：0.772
F-statistic：80.6 on 2 and 45 DF，p-value：1.33e-15

从中可以看出，学生的身高对学生的体重有非常显著的影响（$p < 0.05$），而家庭收入实际上对学生的体重影响不显著（$p > 0.05$）。但整个模型还是显著的（$F = 80.6$，$p < 0.05$）。模型的拟合优度 R^2 较高（0.782），说明模型的拟合效果较好。

7.2.3　多元回归模型诊断

回归模型的诊断就是对回归模型基本假设的合理性、回归方程拟合效果等的验证和判定。由于一元线性回归比较简单，其趋势可用散点图直观显示，因此，我们对其性质和假定并未做详细探讨。实际上，我们在建立线性回归模型前，需要对模型作一些假定，经典线性回归模型的基本假设前提为：

（1）解释变量一般来说是非随机变量。

（2）误差项等方差及不相关假定（G－M条件）：

$$\begin{cases} E(\varepsilon_i)=0, \ i=1, \ 2, \ \cdots, \ n \\ cov(\varepsilon_i, \ \varepsilon_j)=\begin{cases} \sigma^2, \ i=j \\ 0, \ i\neq j \end{cases} \quad i, \ j=1, \ 2, \ \cdots, \ n \end{cases}$$

（3）误差正态分布的假定：

$$\varepsilon_i \overset{iid}{\sim} N(0, \ \sigma^2), \ i=1, \ 2, \ \cdots, \ n$$

（4）$n>p$，即要求样本容量个数多于解释变量的个数。

上面的假设条件归结起来就是随机误差项独立，零均值，方差一致，并满足正态分布。要想知道模型是否违背了经典假设，就需对回归模型进行诊断，对回归模型的诊断主要是基于误差的残差来进行的。诊断的主要方面是：误差项是否满足独立性、等方差性、正态性等。

下面介绍几个基于残差的诊断统计量。

一、残差值（residuals）

在线性回归中，当把线性模型拟合出来后，计算拟合后的被解释变量的值 $\hat{y}$。然后计算残差 $e=y-\hat{y}$ 并作出散点图。当某个残差值很大的时候，我们就会对该样本进行进一步的研究，分析其异常情况。但是该方法对本身数值很大，对模型影响严重的样本数据，并不十分适用。因为当样本数据本身对模型影响足够大时，会使模型尽可能地向自身靠拢，所以尽管该样本的残差并不会很大，但是模型的拟合程度已经减低。因此，除了原始残差方法外，还需要其他方法来辅助。

```
y=UG$weight
yhat=fm$fitted    #ŷ
e=y - yhat        #e=y - ŷ
cbind(y, yhat, e)

    y    yhat      e
1  66  65.54   0.45989
2  65  63.82   1.17736
3  87  84.12   2.88089
4  67  65.76   1.23929
5  69  66.51   2.49381
6  89  84.85   4.14839
⋮
```

可使用 EDA 画图来检验数据的正态性：直方图、箱式图、正态图。通过观察数据当中是否存在趋势可以检验相关性，这可以通过所画的图形来解决。另外，我们可通过画残差和拟合值的图形来检验误差项是否具有同方差。

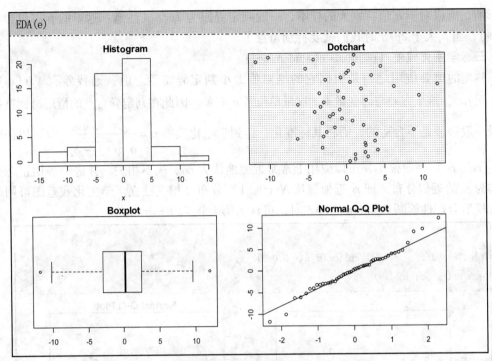

从上面几个图可以看出，模型的残差基本上是服从正态分布的。

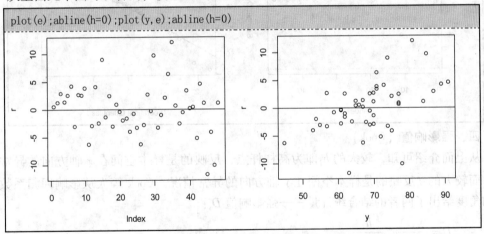

从上面两个图可以看出，模型的残差基本上在 0 附近均匀散布。

二、杠杆值（leverage）

在最小二乘估计的多元线性回归下，$\hat{\beta} = (X'X)^{-1}X'y$，$\hat{y} = X(X'X)^{-1}X'y = Hy$，$H$ 是一个幂等矩阵：等于 $X(X'X)^{-1}X'$，所以残差 $e = y - \hat{y} = (I-H)y = (I-H)X\beta + (I-H)\varepsilon = (I-H)\varepsilon$。

假定模型满足经典假设的条件，则 $\text{Var}(e) = (I-H)\text{Var}(\varepsilon) = (I-H)\sigma^2$，即 $\text{Var}(e_i) = (1-h_i)\sigma^2$。$\text{Var}(\hat{y}) = \text{Var}(X\hat{\beta}) = \text{Var}(X(X'X)^{-1}X'y) = H\sigma^2$，即 $\text{Var}(\hat{y}_i) = h_i\sigma^2$。$h_i$ 是投影阵 H 矩阵主对角线上的元素，一般 $0 \leqslant h_i \leqslant 1$。

可以看到，虽然假定的随机误差项是同方差的，残差的方差却是不相等的。它与 H 矩阵主对角线上的值密切相关。当 h_i 的值很大时（如接近于 1），残差的方差会很小。但是反映在图形上，是该样本把回归直线向自身拉近，从而对整个模型的拟合性造成很大的影响，所以对于 h_i 值特别大的样本，一般判定界限为 $2p/n$（注意：这里的 p 需包含常数项），当 h_i 大于 $2p/n$ 时我们就要特别留意了。

三、学生化残差（residuals of studentized）

残差的重要应用之一是根据它的绝对值大小判定异常值。但普通残差有 $\mathrm{Var}(e_i)=(1-h_i)\sigma^2$，这个方差与因变量 y 的度量单位及 h_i 有关。因此在判定异常点的情形时，直接比较一般残差是不合适的，需将其标准化，得到学生化残差 $rs_i = \dfrac{e_i}{\hat{\sigma}\sqrt{(1-h_i)}}$。可以证明 $\mathrm{cov}(rs_i, rs_j)$ 一般很小，所以应用上常常近似地认为 rs_i、rs_j 不相关，并进一步用正态分布作为 rs_i 的近似分布，即 rs_i 近似服从 $N(0, 1)$ 分布且相互独立。学生化残差图可用来进行模型合理性诊断。当 $|rs_i| > 3$ 时，可认为第 i 个点为一异常点。

```
rs=rstudent(fm)
plot(rs,ylim=c(-3,3));abline(h=c(-3,0,3),lty=3)
qqnorm(rs);qqline(rs)
```

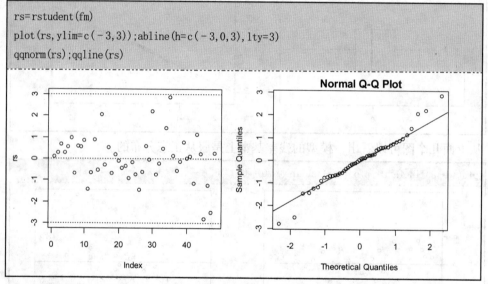

四、强影响值（Cook）

从上面介绍可知，较大的 h_i 即为高杠杆点，反映的是样本空间在 x 轴方向的异常情况，而较大的 e_i 反映的是样本空间在 y 轴方向的异常情况。Cook 等人从影响回归系数估计的角度给出了两者的结合统计量——强影响值 D_i：

$$D_i = \frac{1}{p+1} e_i^2 \frac{h_i}{1-h_i}$$

具有较大的 D_i 的点称为强影响点。一般地，只要 $D_i > 1$，就认为 i 点是一个强影响点。

模型的有效性可以使用命令 EDA 以图形化的方式来检验。由误差项为独立同分布的正态随机变量的假定可知残差应服从正态分布。残差不是独立的，因为它们的方差不是相同的；但是，它们应没有序列相关性。

如果我们给出回归结果，命令 plot 将做所有这些检验，但这里的 plot 图与 plot（x, y）命令产生的散点图不同。这些图形是：

（1）预测残差图（Residuals vs. Fitted）：画预测值和残差值的图形，检查直线 $y=0$ 四周的点，看是否无明显的趋势。

（2）QQ 正态概率图（QQplot）：如果所有的点近似呈直线，那么残差就是正态分布的。

（3）尺度—位置诊断图：给出标准化残差的平方根，高的点对应较大的残差。

（4）Cook 距离（Cook's distance）：给出对回归线影响较大的点。

其他研究数据的方法参考前面的探索性数据分析法。

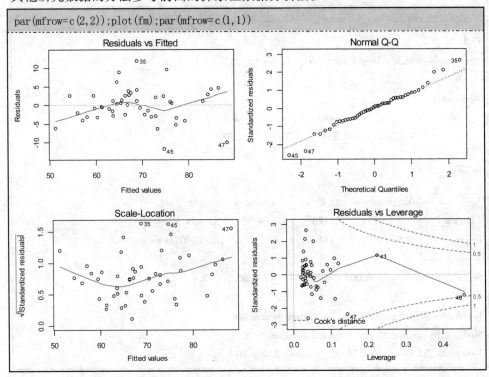

```
par(mfrow=c(2,2));plot(fm);par(mfrow=c(1,1))
```

7.2.4　分组多元回归模型

R 语言中有许多非常优秀的用来进行分组统计分析的函数，这些都是其他软件不容易实现的。

下面我们来研究基于性别分组的学生身高和体重之间的线性回归模型。这里我们将性别作为分组变量。

```
summary(lm(weight~height,data=UG[UG$sex=='男',]))
```

Call：

lm(formula=weight ~ height,data=UG[UG$sex=="男",])

Residuals：

Min	1Q	Median	3Q	Max
-10.597	-2.050	0.483	3.403	5.592

Coefficients：

	Estimate	Std. Error	t value	Pr(>|t|)
（Intercept）	-69.4725	13.0642	-5.32	2.1e-05 ***
height	0.8175	0.0764	10.70	2.1e-10 ***

- - -

Signif. codes：0 '***' 0.001 '**' 0.01 '*' 0.05 '.' 0.1 ' ' 1

Residual standard error：4.55 on 23 degrees of freedom

Multiple R-squared:0.833,Adjusted R-squared:0.825

F-statistic:115 on 1 and 23 DF,p-value:2.09e-10

```
summary(lm(weight~height,data=UG[UG$sex=='女',]))
```

Call：

lm(formula=weight ~ height,data=UG[UG$sex=="女",])

Residuals：

Min	1Q	Median	3Q	Max
−5.146	−3.241	−0.291	1.793	10.809

Coefficients：

	Estimate	Std. Error	t value	Pr(>|t|)	
(Intercept)	−95.935	22.176	−4.33	3e−04	***
height	0.989	0.134	7.39	2.9e−07	***

－ － －

Signif. codes:0 '***' 0.001 '**' 0.01 '*' 0.05 '.' 0.1 ' ' 1

Residual standard error:4.4 on 21 degrees of freedom

Multiple R-squared:0.722,Adjusted R-squared:0.709

F-statistic:54.6 on 1 and 21 DF,p-value:2.86e-07

7.3　数据分类与模型选择

7.3.1　数据与模型

实际数据通常通过观察或实验获得，因变量是指研究中主要关心的随机现象的数量化表现。因变量受诸多因素影响，这些影响因素称为解释变量。实验和观察的目的就是探讨解释变量对因变量的影响（效应）大小，以及影响效应有无统计学意义。根据获得的数据，建立因变量和解释变量间恰当的统计模型（关系），解决下列三个问题：

（1）解释变量对因变量的效应。

（2）效应有无统计学意义。

（3）因变量随解释变量的变化规律。

一、变量的取值类型

因变量记为 y，解释变量记为 x_1，x_2，$\cdots$，x_p，$X=(x_1, x_2, \cdots, x_p)'$。

因变量 y 一般有以下两种取值方式：

（1）y 为连续变量，如心脏面积、肺活量、血红蛋白量等。

（2）y 为"0−1"变量或称二分类变量，如实验"成功"与"失败"；"有效"与"无效"；治疗结果"存活"与"死亡"等。

解释变量 x_i 一般有如下三种取值方式：

（1）x_i 为连续变量，如身高、体重等，一般称 x_i 为自变量或协变量。

（2）x_i 为分类变量，如性别：男、女；居住地：城市、乡镇、农村等，称 x_i 为因素。

（3）x_i 为等级变量，如吸烟量：不吸烟，0～10 支、10～20 支、20 支以上等，x_i 可通过评分转化为协变量；也可以看成因素，等级数看成是因素的水平数。

二、模型选择方式

1. y 为连续变量

当 y 为连续变量时，为了探讨 y 和 x_i 间的线性关系，建立以下模型

$$y = \beta_0 + \beta_1 x_1 + \beta_2 x_2 + \cdots + \beta_p x_p + e$$

于是对于一个样本含量为 n 的样本，以上给出的线性方程组可用矩阵表示为

$$\begin{cases} Y = X\beta + e \\ \mathrm{E}(e) = 0, \mathrm{cov}(e) = \sigma^2 I \end{cases}$$

称为一般线性模型。

（1）当 x_1，x_2，$\cdots$，x_p 均为变量时，就是上节讲的线性回归模型，y 为因变量观察结果向量，X 为自变量观察阵。

（2）当 x_1，x_2，$\cdots$，x_p 是由因素构成的哑变量时，y 为反应变量（实验结果），X 为设计阵，称为实验设计模型或方差分析模型。

例如，T 表示居住地因素，有三个水平：城市、乡镇、农村。构造哑变量 X_1，X_2，X_3 来描述 T 因素。当 T 因素处于"城市"这个水平上，$X_1 = 1$，$X_2 = X_3 = 0$；当 T 因素处于"乡镇"水平上，$X_1 = X_3 = 0$，$X_2 = 1$；当 T 因素处于"农村"这个水平上，$X_1 = X_2 = 0$，$X_3 = 1$。

2. y 为两分类变量

一般用 Logistic 回归模型来描述 y 与诸解释变量或因素之间的关系，通过建立模型得到解释变量对反应变量 y 的效应 OR 值。

3. y 为多分类变量

这时宜用对数线性模型和 Logistic 回归模型来描述 y 与 x 间的关系，解释变量 x 既可以是因素又可以是等级变量。

7.3.2　线性模型分析

这里讲的一般线性模型主要是指实验设计模型。实验设计模型在方差分析中有重要的应用，在此将它进一步分类，对应于各种实验设计，都有与之相应的实验设计模型，而且它们都是模型在各种设计方案下的具体形式，下面列举两个最常用的模型。

一、单因素方差分析模型

这里的单因素方差分析是指完全随机设计的实验结果的均值比较，处理因素 A 有 G 个水平，实验结果是 y_{ij}，$j = 1$，2，$\cdots$，n_i；$i = 1$，2，$\cdots$，G。A 是因素，拟合模型前先产生 G 个哑变量 x_1，x_2，$\cdots$，x_G。当实验结果是在 A 的第 i 个水平上获得的，$x_i = 1$，其他哑变量取值都为零。根据哑变量的这个特性，模型简化成如下形式：

$$\begin{cases} y_{ij} = \mu + \alpha_i + e_{ij} \\ \mathrm{E}(e) = 0 \qquad\qquad i = 1, 2, \cdots, G; j = 1, 2, \cdots, n_i \\ \mathrm{cov}(e) = \sigma^2 I \end{cases}$$

其中，μ 表示观察结果 y_{ij} 的总体均值，α_i 是哑变量的系数，称为 A 因素各水平的主效应，e_{ij} 是误差项。

```
anova(lm(weight~region,data=UG))
```

Analysis of Variance Table

Response：weight

	Df	Sum Sq	Mean Sq	F value	Pr(>F)
region	2	322	161.1	1.79	0.18
Residuals	45	4042	89.8		

从结果（$p=0.18>0.05$）可知，不同来源地的学生的体重的均值无显著不同。

二、两因素方差分析模型

两因素方差分析是指随机组设计的实验结果的均值比较。设处理因素 A 有 G 个水平，单位组 B 有 n 个水平，分别产生 A 的 G 个哑变量和单位组 B 的 n 个哑变量后，将实验结果 y_{ij} 表示成：

$$y_{ij} = \mu + \alpha_i + \beta_j + e_{ij}, \quad i=1, 2, \cdots, G; j=1, 2, \cdots, n$$

其中，μ 为总均值，α_i 为处理因素 A 的第 i 个水平的效应；β_j 为第 j 个单位组的效应，e_{ij} 为误差项。

```
anova(lm(weight~sex + region, data = UG))
```

Analysis of Variance Table

Response：weight

	Df	Sum Sq	Mean Sq	F value	Pr(>F)
sex	1	57	56.6	0.65	0.424
region	2	475	237.6	2.73	0.076
Residuals	44	3832	87.1		

- - -

Signif. codes： 0 '***' 0.001 '**' 0.01 '*' 0.05 '.' 0.1 ' ' 1

练习题

1. 今测得汽车的行驶速度 speed 和刹车距离 dist 数据如下。

　　speed：4, 4, 7, 7, 8, 9

　　dist：2, 10, 4, 22, 16, 10

（1）作 speed 与 dist 的散点图，并以此判断 speed 与 dist 之间是否大致呈线性关系。

（2）计算 speed 与 dist 的相关系数并做假设检验。

（3）做 speed 对 dist 的 OLS 回归，并给出常用统计量。

（4）预测当 speed = 30 时，dist 等于多少？

2. 由专业知识可知，合金的强度 y（10^7Pa）与合金中的碳的含量 x（%）有关。为了生产出强度满足顾客需要的合金，在冶炼时应该如何控制碳的含量？如果在冶炼过程中通过化验得知了碳的含量，能否预测这炉合金的强度？

x：0.10, 0.11, 0.12, 0.13, 0.14, 0.15, 0.16, 0.17, 0.18, 0.20, 0.21, 0.23

y：42, 43.5, 45, 45.5, 45, 47.5, 49, 53, 50, 55, 55, 60

（1）作 x 与 y 的散点图，并以此判断 x 与 y 之间是否大致呈线性关系。

（2）计算 x 与 y 的相关系数并做假设检验。

（3）做 y 对 x 的最小二乘回归，并给出常用统计量。

（4）预测当 $x = 0.22$ 时，y 等于多少？预测当 $x = 0.25$ 时，y 等于多少？

3. 多元回归：1609 年，伽利略证明了一个物体在一个水平力的作用下，其下落轨道为一抛物线。为了验证这一事实，他做了一项实验并度量了两个变量：高度和距离，数据如下：

高度（x）	100	200	300	450	600	800	1 000
距离（y）	253	337	395	451	495	534	574

通过数据描点，伽利略显然看到数据分布呈抛物线，且在数学上证明了它。在现代的眼光看来，如果确信为抛物线，我们可用二元回归模型得到哪些系数？

4. 续第 2 章练习题 4 数据。

（1）计算相关系数矩阵，绘制相关系数图。

（2）试建立 y 和 x 的线性回归模型，检验该回归方程有无统计学意义。

（3）计算该模型的复相关系数、决定系数和剩余标准差。

（4）试用该方程对来年的财政收入进行预测，已知：$x1 = 3\ 100$（百亿元），$x2 = 560$（百亿元），$x3 = 1\ 900$（百亿元），$x4 = 800$（百万人），试写出预测其结果的 R 语句并用建立的模型计算预测结果。

5. 现有甲、乙、丙三个工厂生产同一种零件，为了解不同工厂的零件的强度有无明显的差异，现分别从每一个工厂随机抽取 4 个零件测定其强度，数据如下所示。试问这三个工厂的零件的平均强度是否相同？

甲　103　101　98　110
乙　113　107　108　116
丙　82　92　84　86

6. 作为产品经理，你想知道 3 部填充机器是否有相等的平均填充时间。你分配了 15 个经过训练、富有经验的工人，去记录机器填充的时间。其中，每台机器均分配 5 个人。在 0.05 的显著性水平下，平均填充时间是否相等？

机器 1	机器 2	机器 3
25. 40	23. 40	20. 00
26. 31	21. 80	22. 20
24. 10	23. 50	19. 75
23. 74	22. 75	20. 60
25. 10	21. 60	20. 40

7. 使用 4 种燃料 A，3 种推进器 B 做火箭射程试验，每一种组合情况做一次试验，则得火箭射程如下，试分析各种燃料 A 与各种推进器 B 对火箭射程有无显著影响。

	A1	A2	A3	A4
B1	582	491	601	758
B2	562	541	709	582
B3	653	516	392	487

8 R语言的高级应用

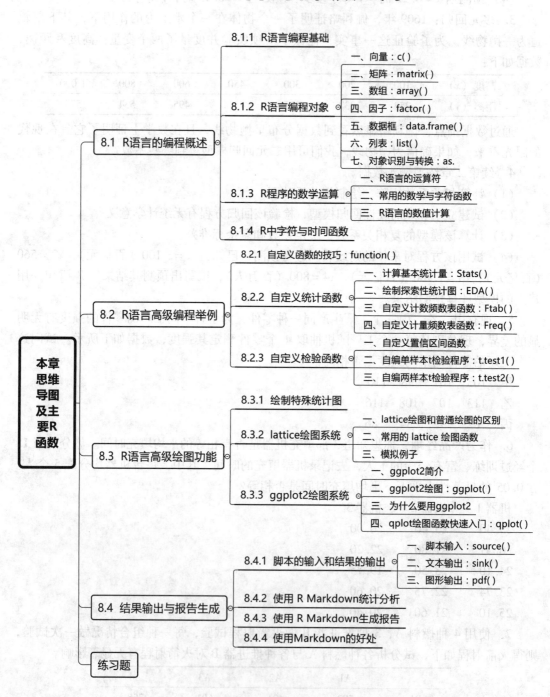

本章思维导图及主要R函数

- 8.1 R语言的编程概述
  - 8.1.1 R语言编程基础
  - 8.1.2 R语言编程对象
    - 一、向量：c( )
    - 二、矩阵：matrix( )
    - 三、数组：array( )
    - 四、因子：factor( )
    - 五、数据框：data.frame( )
    - 六、列表：list( )
    - 七、对象识别与转换：as.
  - 8.1.3 R程序的数学运算
    - 一、R语言的运算符
    - 二、常用的数学与字符函数
    - 三、R语言的数值计算
  - 8.1.4 R中字符与时间函数
- 8.2 R语言高级编程举例
  - 8.2.1 自定义函数的技巧：function( )
  - 8.2.2 自定义统计函数
    - 一、计算基本统计量：Stats( )
    - 二、绘制探索性统计图：EDA( )
    - 三、自定义计数频数表函数：Ftab( )
    - 四、自定义计量频数表函数：Freq( )
  - 8.2.3 自定义检验函数
    - 一、自定义置信区间函数
    - 二、自编单样本t检验程序：t.test1( )
    - 三、自编两样本t检验程序：t.test2( )
- 8.3 R语言高级绘图功能
  - 8.3.1 绘制特殊统计图
  - 8.3.2 lattice绘图系统
    - 一、lattice绘图和普通绘图的区别
    - 二、常用的 lattice 绘图函数
    - 三、模拟例子
  - 8.3.3 ggplot2绘图系统
    - 一、ggplot2简介
    - 二、ggplot2绘图：ggplot( )
    - 三、为什么要用ggplot2
    - 四、qplot绘图函数快速入门：qplot( )
- 8.4 结果输出与报告生成
  - 8.4.1 脚本的输入和结果的输出
    - 一、脚本输入：source( )
    - 二、文本输出：sink( )
    - 三、图形输出：pdf( )
  - 8.4.2 使用 R Markdown统计分析
  - 8.4.3 使用 R Markdown生成报告
  - 8.4.4 使用Markdown的好处
- 练习题

8.1 R 语言的编程概述

8.1.1 R 语言编程基础

1. R 语言需要编程么

大多数时候 R 语言不需要编程，因为 R 有很多函数和包，而且每天都在增加，你用的一般方法和函数都可以在 R 自带包中找到。但需要基本的编程操作，举一个简单的 R 编程例子。

生成 100 个标准正态分布随机数，并对这 100 个数进行特征描述。

```
x=rnorm(100)
mean(x)
sd(x)
summary(x)
boxplot(x)
```

2. R 可使用的最大内存是多少

R 经常因为过分消耗内存而受到指责，而事实也确实如此。不过还好，我们使用的数据量通常不是很大，R 语言一般可以处理。特定条件下我们可能需要更多的内存来做运算，提供两种途径来设定（增大）内存：

（1）启动 R 进程前，增加 R 启动参数。

在 CMD 环境下，运行增加参数的 Rterm：

$r - max - mem - size = 1G$

或通过添加 RHOME/bin 至系统环境中，直接在"运行"中运行：

$rgui - max - mem - size = 1G$

（2）启动 R 进程后，通过 memory.limit 函数增大 R 进程的内存限制。

R 的工作内存大小的设定值为 32M 到 3G 间的任意数值。但需要提示的是：Windows 平台可用最大有效内存为 2G，也就是说，实际上 R 的工作内存区间为 32M 至 2G 之间。

3. 如何更改小数点后显示数字位数

options(digits=)，digits 等号后面的参数为 1 至 22 的数字，默认为 7。options 函数还可以改变很多全局选项，如更改提示符（prompt），看是否显示错误信息（show.error.messages）等。

```
options(digits=4)        #显示 4 位小数,全局
round(10.123456,4)       #显示 4 位小数,局部
```
```
[1]10.1235
```

4. R 的工作目录在哪里

使用 getwd()命令获得 R 的工作目录（Working Directory），使用 setwd()设置工作目录位置。

```
getwd()
setwd("E:/Rcase")
getwd()
```

```
[1]"E:/Rcase"
```

5. 怎样保存自己的工作

使用 save. image() 函数，它将 R 的起始目录保存记忆区（working space）至 . RData 文件；或者使用 save(…,file=)保存需要保存的 R 对象。

6. R 如何安装包

通过选择下载镜像，R 可以自动安装未安装在本地的包，当然也可以从镜像网站下载可用的包，直接在本地安装。

7. 如何更新 R 语言 packages

在其他目录下安装 R，再将旧版本保留的 library 目录下的文件拷贝至新版本 library 目录下，然后 update. packages()；或卸载 R，把 R 装到旧的目录下，然后 update. packages()。

8. 如何卸载已安装的 packages

remove. packages（c（"pkg1","pkg2"），lib=file. path（"path","to","library"））

9. library() 的逆向操作是什么

当加载包后，需要分离同一个包时，可以使用 detach（"package：pkg"）。

10. Library 和 Package 有什么区别

这两个概念的确容易混淆，因为 R 中加载 Package 的命令是 library！library 是一个目录，可能包含一个或多个 Package；而 Package 是包含函数、数据、手册的一个集合，属于某个 library，即（Windows 下）的 "*. zip" 文件。

11. 如何得到加载 Package 的列表

search()函数返回当前加载的包的情况，使用 . packages(all. available=TRUE）命令获得本地安装的包列表。

12. 如何查找函数

比如要查询与标准差 sd 相关的函数：

```
find('sd')
```

```
[1]"package:stats"
```

```
args('sd')
```

```
function(x, na. rm=FALSE)
NULL
```

```
apropos('sd')
```

[1]". isMethodsDispatchOn"	". rs. activateGraphicsDevice"
[3]". rs. initGraphicsDevice"	"assignClassDef"
[5]"completeClassDefinition"	"getClassDef"
[7]"isClassDef"	"isdebugged"
[9]"makePrototypeFromClassDef"	"plot. TukeyHSD"
[11]"sd"	"SSD"

```
[13]"superClassDepth"                    "tsdiag"
[15]"TukeyHSD"                           "TukeyHSD. aov"
```

13. 如何得到函数的代码

通常只需要在 R 平台下写出需要查看的函数名后按回车键即可。比如：

```
sd
function(x,na. rm=FALSE) {
    if(is. matrix(x))
        apply(x,2,sd,na. rm=na. rm)
    else if(is. vector(x))
        sqrt(var(x,na. rm=na. rm))
    else if(is. data. frame(x))
        sapply(x,sd,na. rm=na. rm)
    else sqrt(var(as. vector(x),na. rm=na. rm))
}
<environment:namespace:stats>
```

但有时候这个函数可能是一个类函数（generic function），上面的方法就需要稍稍改进一下：先使用 methods() 函数来查看这个类函数的列表，找到具体需要的函数，写出来，按回车键，问题就解决了。

```
summary              #It is a generic funciton
methods(summary)     #list of the S3 methods
summary. lm          #may be you want to know the linear models's summary
```

如果要究根问底，可以去下载源代码压缩包（ *. tar. gz，比如 R – 2. 5. 1. tar. gz）。

14. R 里面如何使用科学计数法

1e10=10 000 000 000

1. 2e – 4=0. 000 12

15. 如何输出格式结果

```
format(13.7)
```
```
[1]"13. 7"
```
```
format(13.7, nsmall=3)
```
```
[1]"13. 700"
```
```
format(c(6.0,13.1), digits=2)
```
```
[1]"6" "13"
```
```
format(c(6.0,13.1), digits=2, nsmall=1)
```
```
[1]"6. 0" "13. 1"
```

16. 如何注释大段的 R 脚本

如果需要注释程序代码的话，通常是在代码前加入#。如果要注释大段的 R 程序代码，就可以使用下面命令。

```
if(FALSE){
...
}
```

8.1.2 R语言编程对象

R语言里的数据对象主要有六种形式：向量、矩阵、数组、因子、数据框、列表。

一、向量

R语言是在指定的数据结构上起作用的，最简单的结构就是由一系列数值构成的数值向量。向量是由有相同基本类型元素组成的序列，相当于一维数组。假设要创建一个含有由五个数值组成的向量 x，这四个值分别是 1，3，5，7，9。R中的命令是：

$x<-c(1,3,5,7,9)$

这是一个用函数 $c()$ 完成的赋值语句。函数 $c()$ 可以有任意多个参数，而它的值则是把这些参数首尾相连形成的一个向量。

R的赋值符号除了"<-"外，还有"->""="，在 R 比较旧的版本里只能使用"<-"和"->"。例如：

```
x=c(1,3,5,7,9);x
```
```
[1]1  3  5  7  9
```
```
c(1,3,5,7,9)->y;y
```
```
[1]1  3  5  7  9
```
```
z=c(1,3,5,7,9);z
```
```
[1]1  3  5  7  9
```

此外，也可以用 assign() 函数对向量进行赋值。

```
assign("w",c(1,3,5,7,9));w
```
```
[1]1  3  5  7  9
```

向量里元素的个数称为向量的长度（length）。长度为 1 的向量就是常数。函数 length() 可以返回向量的长度，mode() 可以返回向量的数据类型。例如：

```
length(x)
```
```
[1]5
```
```
mode(x)
```
```
[1]"numeric"
```

R 可以产生正则序列，最简单的是用 ":" 符号，就可以产生有规律的正则序列。例如：

```
t=1:10;t
```
```
[1]1  2  3  4  5  6  7  8  9  10
```
```
r=5:1;r    #5:1表示逆向序列
```
```
[1]5  4  3  2  1
```

```
2*1:5
```
```
[1]2   4   6   8   10
```

在表达式运算中，":"的运算级别最高。

此外，还可以用函数 seq()产生有规律的各种序列，其句法是：seq(from, to, by)，from 表示序列的起始值，to 表示序列的终止值，by 表示步长。例如：

```
seq(1,10,2)
```
```
[1]1   3   5   7   9
```
```
seq(1,10)
```
```
[1]1   2   3   4   5   6   7   8   9   10
```

by 参数省略时，默认步长为 1。这等价于 1:10，函数 seq()也可以产生降序数列。例如：

```
seq(10,1, -1)
```
```
[1]10   9   8   7   6   5   4   3   2   1
```

有时候我们注重的是数列的长度，这时可以利用句法：seq(下界, by=, length =)。例如：

```
seq(1,by=2,length=10)
```
```
[1]1   3   5   7   9   11   13   15   17   19
```

在产生序列时我们经常使用到函数 rep()，它可以用各种复杂的方式重复一个对象。其句法是：rep(x,times,…)。例如：x 表示要重复的对象，times 表示重复的次数。

```
rep(c(1,3),4)
```
```
[1]1   3   1   3   1   3   1   3
```

这是向量 c(1, 3) 重复 4 次，也可以对每个元素进行重复。例如：

```
rep(c(1,3),each=4)
```
```
[1]1   1   1   1   3   3   3   3
```

函数 rep()可以嵌套使用。例如：

```
rep(1:3,rep(2,3))
```
```
[1]1   1   2   2   3   3
```

对向量运算将会对该向量的每一个元素都进行同样的运算。出现在同一个表达式的向量最好是一样的长度。如果长度不一，表达式中短的向量将会被循环使用，表达式的值将是一个和最长的向量等长的向量。R 语言有很多内置函数，可以直接对向量进行运算，大大提高工作效率。

二、矩阵

矩阵是将数据用行和列排列的长方形表格，它是二维的数组，其单元必须是相同的数据类型。通常用列表示不同的变量，用行表示各个对象。R 语言生成矩阵的函数是matrix ()，其句法是：matrix(data=NA,nrow=1,ncol=1,byrow=FALSE,dimnames=NULL)。

其中，data 是必需的，其他几个是选择参数，nrow 表示矩阵的行数；ncol 表示矩阵的列数；byrow 默认为 FALSE，表示矩阵按列排列；如设置为 TRUE，表示按行排列；

dimnames 可以更改矩阵行列名字。例如:

```
matrix(c(1,2,3,4,5,6),nrow=2,ncol=3)
```

	[,1]	[,2]	[,3]
[1,]	1	3	5
[2,]	2	4	6

下面表示生成 2 行 3 列的矩阵,且数据按行排列。

```
matrix(c(1,2,3,4,5,6),nrow=2,ncol=3,byrow=TRUE)
```

	[,1]	[,2]	[,3]
[1,]	1	2	3
[2,]	4	5	6

表示生成 2 行 3 列的矩阵,且数据按列排列。用 dimnames 参数可更改行列名字。

```
matrix(c(1,2,3,4,5,6),nrow=2,ncol=3,dimnames=list(c("R1","R2"),c("C1","C2","C3")))
```

	C1	C2	C3
R1	1	3	5
R2	2	4	6

我们还可以用 diag() 函数生成对角矩阵。

```
diag(1:4)
```

	[,1]	[,2]	[,3]	[,4]
[1,]	1	0	0	0
[2,]	0	2	0	0
[3,]	0	0	3	0
[4,]	0	0	0	4

值得说明的是,diag() 这个函数比较特别,当数据是向量时则生成对角矩阵,但当数据是矩阵时,则返回对角元素。例如:

```
A=matrix(1:16,4,4);A
```

	[,1]	[,2]	[,3]	[,4]
[1,]	1	5	9	13
[2,]	2	6	10	14
[3,]	3	7	11	15
[4,]	4	8	12	16

```
diag(A)
```

[1]1 6 11 16

也可以用函数 diag() 生成单位阵。

diag(4)　　#生成4阶单位阵			
	[,1]	[,2]	[,3]	[,4]
[1,]	1	0	0	0
[2,]	0	1	0	0
[3,]	0	0	1	0
[4,]	0	0	0	1

当我们生成了某个矩阵后，如果要访问矩阵的某个元素或某行（列），可以利用形如 $A[i,j]$ 的形式得到相应的索引矩阵。例如：

A[2,]　　　#第2行所有元素
[1] 2 6 10 14
A[2,2]　　　#第2行第2列元素
[1] 6
A[,2]　　　#第2列所有元素
[1]5 6 7 8
A[2:3,1:3]　#2、3行1、2、3列元素

	[,1]	[,2]	[,3]
[1,]	2	6	10
[2,]	3	7	11

矩阵可以进行加减乘除运算，但是在运算过程中要注意行数和列数的限制条件。例如：

A + 10			
	[,1]	[,2]	[,3]	[,4]
[1,]	11	15	19	23
[2,]	12	16	20	24
[3,]	13	17	21	25
[4,]	14	18	22	26
A*2			
	[,1]	[,2]	[,3]	[,4]
[1,]	2	10	18	26
[2,]	4	12	20	28
[3,]	6	14	22	30
[4,]	8	16	24	32
A + A			
	[,1]	[,2]	[,3]	[,4]
[1,]	2	10	18	26
[2,]	4	12	20	28
[3,]	6	14	22	30
[4,]	8	16	24	32

值得注意的是，R里 $A*B$，不是表示矩阵相乘，这只是表示矩阵对应元素相乘。而想要矩阵相乘应使用 $A\%*\%B$。例如：

A*A				
	[,1]	[,2]	[,3]	[,4]
[1,]	1	25	81	169
[2,]	4	36	100	196
[3,]	9	49	121	225
[4,]	16	64	144	256

A%*%A				
	[,1]	[,2]	[,3]	[,4]
[1,]	90	202	314	426
[2,]	100	228	356	484
[3,]	110	254	398	542
[4,]	120	280	440	600

我们可以用函数 solve() 返回矩阵的逆矩阵。例如：

solve(A)
错误在 solve. default(A):Lapack 例行程序 dgesv:系统正好是奇异的

solve(matrix(rnorm(16),4,4)) #产生一个 4×4 的正态随机矩阵,然后求其逆矩阵			
	[,1]	[,2]	[,3]	[,4]
[1,]	−2.6929	−0.154	−0.968	−0.8672
[2,]	0.2736	0.112	0.372	0.2527
[3,]	−0.1234	−0.548	0.610	−0.5030
[4,]	0.0129	1.875	−0.974	0.0118

注意，若矩阵是奇异的，则无法求得结果。

对矩阵运算的常见函数见表 8 − 1。

表 8 − 1　对矩阵运算的常见函数表

函数	用途
as. matrix()	把非矩阵转换成矩阵
is. matrix()	辨别是否矩阵
diag()	返回对角元素或生成对角矩阵
eigen()	求特征值和特征向量
solve()	求逆矩阵
chol()	Choleski 分解
svd()	奇异值分解

（续上表）

函数	用途
qr()	QR 分解
det()	求行列式
dim()	返回行列数
t()	矩阵转置
apply()	对矩阵应用函数

除了上面对整个矩阵计算的函数外，R 语言还提供了专门针对矩阵的行或列计算的函数。例如，colSums() 对矩阵各列求和，colMeans() 求矩阵各列的均值。类似 rowSums()、rowMeans() 分别对矩阵行求和、求均值。例如：

```
colSums(A)
[1]10    26    42    58
colMeans(A)
[1]2.5    6.5    10.5    14.5
```

其实，我们可以用更简单的方法 apply() 函数来对各行各列进行运算。其句法是：apply(X,MARGIN,FUN,…)。其中，X 表示要处理的数据，MARGIN 表示函数作用的范围，取 1 表示对行运用函数，取 2 表示对列运用函数，FUN 表示要运用的函数。例如：

```
apply(A,2,sum)          #对矩阵A按列求和
[1]10    26    42    58
apply(A,2,mean)          #对矩阵A按列求均值
[1]2.5    6.5    10.5    14.5
```

我们可以发现，这和用 colSums()、colMeans() 函数求得的结果一样。我们还可以对各行（列）求方差、标准差或进行其他运算。

```
apply(A,2,var)    #对矩阵A按列求方差
[1]1.667    1.667    1.667    1.667
apply(A,2,sd)      #对矩阵A按列求标准差
[1]1.291    1.291    1.291    1.291
```

我们可以用 rbind()、cbind() 将两个或两个以上的矩阵合并起来。rbind() 表示按行合并、cbind() 表示按列合并。

```
(B=matrix(1:6,2,3))
      [,1] [,2] [,3]
[1,]    1    3    5
[2,]    2    4    6
(C=matrix(6:1,2,3))
```

```
        [,1] [,2] [,3]
[1,]     6    4    2
[2,]     5    3    1
```

```
rbind(B, C)        #行合并
```

```
        [,1] [,2] [,3]
[1,]     1    3    5
[2,]     2    4    6
[3,]     6    4    2
[4,]     5    3    1
```

```
cbind(B, C)        #列合并
```

```
     [,1]   [,2]   [,3]   [,4]   [,5]   [,6]
[1,]  1      3      5      6      4      2
[2,]  2      4      6      5      3      1
```

值得注意的是，如果两矩阵按行合并，则这两个矩阵的列数必须相同。同理，如果两矩阵按列合并，则行数必须相同。rbind()、cbind()除了可以对矩阵合并，也可以把向量合并成矩阵。例如：

```
x=c(1, 3, 5, 7, 9)
y=c(2, 4, 6, 8, 10)
cbind(x, y)
```

```
      x  y
[1,]  1  2
[2,]  3  4
[3,]  5  6
[4,]  7  8
[5,]  9 10
```

```
rbind(x, y)
```

```
   [,1]   [,2]   [,3]   [,4]   [,5]
x   1      3      5      7      9
y   2      4      6      8      10
```

三、数组

数组可以看作带有多个下标的类型相同的元素的集合，也可以看作是向量和矩阵的推广，一维数组就是向量，二维数组就是矩阵。数组的生成函数是 array()，其句法是：array(data=NA, dim=length（data）, dimnames=NULL)，类似于矩阵的句法。其中，data 表示数据，可以为空，dim 表示维数，dimnames 可以更改数组的维度的名称。例如：

```
xx=array(1:24, c(3, 4, 2))        #产生维数为(3, 4, 2)的三维数组
    xx
```

```
,,1
       [,1]   [,2]   [,3]   [,4]
[1,]    1      4      7     10
[2,]    2      5      8     11
[3,]    3      6      9     12
,,2
       [,1]   [,2]   [,3]   [,4]
[1,]   13     16     19     22
[2,]   14     17     20     23
[3,]   15     18     21     24
```

数组 *xx* 是一个三维数组，其中第一维有三个水平，第二维有四个水平，第三维有两个水平。索引数组类似于索引矩阵、索引向量，可以利用下标位置来定义。例如：

```
xx[2,3,2]
```

```
[1]20
```

```
xx[2,1:3,2]
```

```
[1]14   17   20
```

```
xx[,2,]
```

```
       [,1][,2]
[1,]    4    16
[2,]    5    17
[3,]    6    18
```

```
dim(xx)      #利用 dim() 函数可以返回数组的维数
```

```
[1]3   4   2
```

有意思的是 dim() 还可以用来将向量转化成数组或矩阵。例如：

```
zz=c(2,5,6,8,1,4,6,9,10,7,3,5)
dim(zz)=c(2,2,3)
zz
```

```
,,1
       [,1] [,2]
[1,]    2    6
[2,]    5    8
,,2
       [,1] [,2]
[1,]    1    6
[2,]    4    9
,,3
       [,1] [,2]
[1,]   10    3
[2,]    7    5
```

数组也可以用"+""-""*""/"以及函数等进行运算，其方法和矩阵相类似，在此就不再一一叙述。

四、因子

分类型数据经常要把数据分成不同的水平或因子。比如，上面例子中学生的性别包含男和女两个因子。生成因子的命令是 factor()，其句法是：factor(data,levels,labels,…)，其中 data 表示数据，levels 是因子水平向量，labels 是因子的标签向量。levels、labels 是选项，可以不选。

```
y=c("女","男","男","女","女","女","男")
f=factor(y)
f
```
```
[1]女 男 男 女 女 女 男
Levels:男 女
```

将数据分成"男"和"女"两个因子，可以利用函数 levels()列出因子水平。例如：

```
levels(f)
```
```
[1]"男" "女"
```

上面的每个因子并不表示因子的大小，倘若要表示因子之间有大小顺序，可以利用 ordered()函数产生。例如：

```
score_f=c("B","C","D","B","A","D","A")
score_o=ordered(score_f,levels=c("D","C","B","A"))
score_o
```
```
[1]B C D B A D A
Levels:D < C < B < A
```

五、数据框

数据框是一种矩阵形式的数据，但数据框中各列可以是不同类型的数据。数据框每列是一个变量，每行是一个观测。数据框可以看成是矩阵的推广，也可以看作是一种特殊的列表对象。数据框是 R 语言特有的数据类型，也是进行统计分析最为有用的数据类型。但是对于可能列入数据框中的列表有如下一些限制：

（1）分量必须是向量（数值、字符、逻辑）、因子、数值矩阵、列表或者其他数据框。

（2）矩阵、列表和数据框为新的数据框提供了尽可能多的变量，因为它们各自拥有列、元素或者变量。

（3）数值向量、逻辑值、因子保持原有格式，而字符向量会被强制转换成因子，并且它的水平就是向量中出现的独立值。

（4）在数据框中以变量形式出现的向量结构必须长度一致，矩阵结构必须有一样的行数。

R 语言中用 data.frame()生成数据框，句法是：data.frame(data1,data2,…)。例如：下面的命令生成一个包含性别、身高和体重的新的数据框 newdata，其变量名为 f，x，y。

```
newdata=data.frame(f=UG$sex,x=UG$height,y=UG$weight)
head(newdata)
```

```
   f   x    y
1  女  164  66
2  男  162  65
3  男  186  87
4  女  165  67
5  男  165  69
6  男  187  90
```

六、列表

向量、矩阵和数组的单元必须是同一类型的数据。如果一个数据对象需要含有不同的数据类型，可以采用列表这种数据对象的形式。列表是一个对象的有序集合，列表中包含的对象又称为它的分量（components），分量可以是不同的模式或类型，如一个列表可以包括数值向量、逻辑向量、矩阵、字符数组等。创建列表的函数是 list()，其句法是：list(变量1=分量1,变量2=分量2,...)。应该说列表是一种非常强大的数据类型，在 R 语言的函数返回中有很大的用处。

例如：下面是某校部分学生的情况，其中，x、y、z分别表示班级、性别和成绩。

```
x=c(1,1,2,2,3,3,3)
y=c("女","男","男","女","女","女","男")
z=c(80,85,92,76,61,95,83)
LST=list(class=x,sex=y,score=z)
LST
```

```
$class
  [1]1  1  2  2  3  3  3
$sex
  [1]"女" "男" "男" "女" "女" "女" "男"
$score
  [1]80  85  92  76  61  95  83
```

若要访问列表某一成分，可以用 LST［［1］］、LST［［2］］的形式访问。例如：

```
LST[[3]]
```

```
[1]80  85  92  76  61  95  83
```

要访问第二个分量的前三个元素可以用 LST［［3］］［2:5］。

```
LST[[3]][2:5]
```

```
[1]85  92  76  61
```

由于分量可以被命名，这时我们可以在列表名称后加"$"符号，再写上成分名称来访问列表分量。例如：

```
LST$score
```

```
[1]80  85  92  76  61  95  83
```

其中，成分名可以简写到与其他成分能够区分的最短程度，如"LST$sc"代表

"LST$score"。

LST$sc
[1]80 85 92 76 61 95 83

可以在列表的成分后面用[ ]来获取分量的元素。例如：

LST$sc[2:5]
[1]85 92 76 61

函数 length()、mode()、names()、可以分别返回列表的长度（分量的数目）、数据类型、列表里成分的名字。例如：

length(LST)
[1]3
mode(LST)
[1]"list"
names(LST)
[1]"class"   "sex"   "score"

最后，我们简单总结一下：

（1）数组、矩阵和数据框最大的区别是数组和矩阵中的列数据类型必须相同，如必须是数值型或字符型等，而数据框中列数据类型可以不同，如第1、2列是字符型，第3、4列为数值型。数值型分析软件（如 Matlab）的数据集一般是数组类型，而 R 语言的数据集既可以是数组类型，也可以是数据框类型，统计都是该类型（如 SAS、SPSS），这也是 R 语言优于 Matlab、SAS、SPSS 的特点之一。

（2）矩阵可以认为是二维的数据，即一维数组就是向量，二维数组为矩阵，而数组可以高于二维。如果数据类型相同，建议采用矩阵数据格式，这样能提高运算效率，特别是在模拟研究中。

七、对象识别与转换

R 语言可用 is 函数识别数据的类型，as 进行数据的转换，如表 8-2 所示。

表 8-2 R 语言中的数据类型及对象识别与转换

数据类型	识别	转换	数据对象	识别	转换
numeric	is. numeric	as. numeric	vector	is. vector	as. vector
character	is. character	as. character	matirx	is. matirx	as. matirx
integer	is. integer	as. integer	data. frame	is. data. frame	as. data. frame
double	is. double	as. double	array	is. array	as. array
complex	is. complex	as. complex	list	is. list	as. list
logical	is. logical	as. logical	factor	is. factor	as. factor
NA	is. NA	as. NA	ordered	is. ordered	as. ordered

8.1.3　R 程序的数学运算

一、R 语言的运算符

和 Basic 语言、VB 语言、C 语言、C + + 语言等语言一样，R 语言具有编程功能。但 R 语言是新时期的编程语言，具有面向对象的功能。此外，R 还是一门面向函数的语言，这一点我们在上节可以看到。既然 R 语言是一门编程语言，那么它具有常规语言的算术运算符和逻辑运算符以及控制语句、自定义函数等功能（见表 8 – 3）。

表 8 – 3　R 语言常用的算术运算符和逻辑运算符

算术运算符	含义	逻辑运算符	含义
+	加	< （ <= ）	小于（小于等于）
–	减	> （ >= ）	大于（大于等于）
*	乘	==	等于
/	除	!=	不等于
^	幂	!x	非 x
x%%y	求模 5%%2 =1	x|y	或
x%/%y	整除 5%/%2 =2	x&y	与

二、常用的数学与字符函数

R 语言常用的数学函数与字符函数如表 8 – 4 所示。

表 8 – 4　R 语言常用的数学函数和字符函数

数学函数	含义	字符函数	含义
abs(x)	绝对值	nchar(s)	字符串中字符个数
sqrt(x)	平方根	substr(s,start,stop)	提取字符串中子串
log(x)	对数	paste(...,sep =")	连接字符串，分隔符 sep
exp(x)	指数	strsplit(s,split)	分割字符串，分隔符 split
round(x,digits=n)	n 位有效数	cat("x=",x," \ n")	输出格式字符串（屏幕上）
format(x,digits = n)	格式输出数据	sprintf ("%f", x)	输出格式字符串（对象中）
sin(x)，cos(x),tan(x) …	三角函数	as. Date()	将字符串转换为日期
curve(f,a,b)	在 [a, b] 上绘制函数 f 的曲线	toupper(x)，tolower(x)	字符的大小写转换

三、R 语言的数值计算

1. 求曲线积分

R 语言使用 integrate 函数来得到积分结果，如标准正态分布曲线下面积：

$$\int_{-1.96}^{1.96} \frac{1}{\sqrt{2\pi}} e^{-\frac{x^2}{2}} \mathrm{d}x \ , \ \int_{-\infty}^{\infty} \frac{1}{\sqrt{2\pi}} e^{-\frac{x^2}{2}} \mathrm{d}x \ 和求积分 \int_{0}^{\infty} \frac{1}{x+1} \sqrt{x}\mathrm{d}x \ 。$$

```
integrate(dnorm, - 1.96,1.96)
```

0. 9500042 with absolute error $< 1e - 11$
integrate(dnorm, - Inf, Inf)
1 with absolute error $< 9.4e - 05$
f<-function(x){1/((x+1)*sqrt(x))} integrate(f,0,Inf)
3. 141593 with absolute error $< 2.7e - 05$

2. 如何在 R 里面求（偏）导数

对表达式 expression 使用函数 D( ) 求导数。

f = expression(sin(x)*x) D(f, "x")
cos(x) *x + sin(x)

3. 计算组合数与阶乘

choose(n, k) 用于计算组合数 C_n^k，函数 combn( ) 可以得到所有元素的组合。使用 factorial( ) 计算阶乘。

choose(5,3)　　#C_5^3

[1]10

combn(5,3)　　#C_5^3 的各种组合

	[,1]	[,2]	[,3]	[,4]	[,5]	[,6]	[,7]	[,8]	[,9]	[,10]
[1,]	1	1	1	1	1	2	2	2	3
[2,]	2	2	2	3	3	4	3	3	4	4
[3,]	3	4	5	4	5	5	4	5	5	5

factorial(5)　　#5!

[1]120

4. 求一元方程的根

使用 uniroot( ) 函数，不过 uniroot 是基于二分法来计算方程根，当初始区间不能满足要求时，会返回错误信息。

f<-function(x){x^3 - 2*x - 1} uniroot(f,c(0,2))

$root
[1]1. 618018
$f. root
[1] -9. 17404e-05
$iter
[1]6
$estim. prec
[1]6. 103516e-05

如果一元方程的根恰恰是其极值，那么还可以使用 optimize( ) 函数来求极值。

```
f<-function(x) x^2 + 2 * x + 1
optimize(f,c(-2,2))
```

```
$minimum
[1] -1
$objective
[1] 0
```

8.1.4　R 中字符与时间函数

1. R 对大小写敏感吗

R 中有很多基于 Unix 的包，故 R 对大小写是敏感的。可以使用 tolower()、toupper()、casefold() 这类的函数对字符进行转化。

```
x="MiXeD cAsE 123"
chartr("iXs","why",x)
chartr("a-cX","D-Fw",x)
tolower(x)
toupper(x)
```

```
[1] "MwheD cAyE 123"
[1] "MiweD FAsE 123"
[1] "mixed case 123"
[1] "MIXED CASE 123"
```

2. 如何将字符串转变为命令执行

这里用到 eval() 和 parse() 函数。首先使用 parse() 函数将字符串转化为表达式（expression），而后使用 eval() 函数对表达式求解。

```
x=1:10
a="print(x)"
class(a)
eval(parse(text=a))
```

```
[1] "character"
[1]  1  2  3  4  5  6  7  8  9  10
```

3. 如何在字符串中选取特定位置的字符

```
substr("abcdef",2,4)
```

```
[1] "bcd"
```

```
substring("abcdef",1:6,1:6)
```

```
[1] "a" "b" "c" "d" "e" "f"
```

这个函数同时支持中文，用它来处理"简称"和"全称"还是一个不错的选择。

4. 如何返回字符个数

```
nchar(month.name[9])
```

```
[1] 9
```

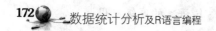

5. 日期可以做算术运算吗

我们一般需要使用 as. Date(), as. POSIXct() 函数将读取的日期（字符串）转化为 "Date" 类型数据，"Date" 类型数据可以进行算术运算。

```
d1=c("06/29/07");d1
d2=c("07/02/07");d2
D1=as.Date(d1,"%m/%d/%y");D1
D2=as.Date(d2,"%m/%d/%y");D2
D1+2
D1-D2
difftime(D1,D2,units="days")
```

```
[1]"06/29/07"
[1]"07/02/07"
[1]"2007-06-29"
[1]"2007-07-02"
[1]"2007-07-01"
Time difference of -3 days
Time difference of -3 days
```

6. 如何将日期表示为"星期日,22 七月 2007"这种格式

使用 format() 函数。

```
format(Sys.Date(),format="%A,%d %B %Y")
```

```
[1]"星期日,14 八月 2011"
```

8.2　R 语言高级编程举例

可在 R 中直接调用 library(dstatR) 来使用这些函数。

8.2.1　自定义函数的技巧

证券内生收益率是一种利率，能使现金流的现值等于初始投资金额。内生收益率计算公式如下：

$$p=\frac{C_1}{1+r}+\frac{C_2}{(1+r)^2}+\cdots+\frac{C_n}{(1+r)^n}$$

其中，p 为价格，C_n 为第 n 期现金流，n 为期数，r 为内生收益率。

假设一种金融工具按下表的年金支付，金融工具的价格为 7 704 元，试求它的内生收益率。

从现在算起的年数（年）	1	2	3	4
预计年金支付（元）	2 000	2 000	2 500	4 000

在 R 语言中，有以下几种计算方法：

（1）试算法（该程序最差，无法直接得到结果，且无法扩展到其他数据）。

```
price<-function(r){ 2000/(1+r) + 2000/(1+r)^2 + 2500/(1+r)^3 + 4000/(1+r)^4 }
price(0.1)
```

```
[1]8081.415
```

```
price(0.14)
```

```
[1]7349.071
```

```
price(0.12)
```

```
[1]7701.625
```

所以该金融工具的内生收益率可近似为12%。

（2）求根法（该程序较差，虽能直接得到结果，但无法扩展到其他数据）。

```
f<-function(r){ 2000/(1+r) + 2000/(1+r)^2 + 2500/(1+r)^3 + 4000/(1+r)^4 - 7704}
uniroot(f,c(0,1))
```

```
$root
[1]0.1199
$f.root
[1] -0.07234
$iter
[1]6
$estim.prec
[1]6.104e-05
```

root 为 0.119 9，即方程的解为 0.119 9，所以，该金融工具的内生收益率为11.99%。

（3）C 语言形式（该程序较好，能直接得到结果，可扩展到其他数据，但该程序效率不高）。

```
IRR<-function(C){
    f<-function(r){
    n=length(C);
    S=0
    for(i in 1:(n-1))
    S=S + C[i]/(1+r)^i
    S=S - C[n]
    S
}
    uniroot(f,c(0,1))
}
IRR(c(2000,2000,2500,4000,7704))
```

```
$root
[1]0.1199
$f. root
[1] - 0.07234
$iter
[1]6
$estim. prec
[1]6.104e - 05
```

（4）R语言形式（该程序最好，能直接得到结果，可扩展到其他数据，且效率较高）。

```
IRR<-function(C){
  f<-function(r){
    n=length(C)
    i=1:(n-1)
    sum(C[i]/(1+r)^i) - C[n]
  }
  uniroot(f,c(0,1))
}
IRR(c(2000,2000,2500,4000,7704))
```

```
$root
[1]0.1199
$f. root
[1] - 0.07234
$iter
[1]6
$estim. prec
[1]6.104e - 05
```

8.2.2   自定义统计函数

一、计算基本统计量

```
Stats<-function(x){
  if(is.vector(x))
    S=data.frame(n=length(x),min=min(x),max=max(x),
      mean=mean(x),sd=sd(x),median=median(x),IQR=IQR(x))
  else
    S=data.frame(n=nrow(x),min=apply(x,2,min),max=apply(x,2,max),
      mean=apply(x,2,mean),sd=apply(x,2,sd),
      median=apply(x,2,median),IQR=apply(x,2,IQR))
  S
}
```

二、绘制探索性统计图

```
EDA.plot<-function(x){
  par(mfrow=c(2,2))                              #一次画4个图
    hist(x)                                      #直方图
    dotchart(x,main='Dotchart')                  #点图
    boxplot(x,horizontal=T,main='Boxplot')       #箱式图
    qqnorm(x);qqline(x)                          #正态概率图
  par(mfrow=c(1,1))                              #恢复单图
}
```

三、自定义计数频数表函数

```
Ftab<-function(X){                 #计数频数表函数
    f=table(X);
    S=sum(f);
    P=f/S*100
    T=cbind('例数'=f,'构成比(%)'=round(p,2))
    print(rbind(T,'合计'=c(S,100)))
    invisible(f)
}
```

四、自定义计量频数表函数

```
Freq<-function(X){                 #计量频数表函数
  H=hist(X,xlab='',main='')
  f=H$counts
  p=f/sum(f)*100;cp=cumsum(p)
  freq=data.frame(m=H$mids,f=f,p=p,cp=round(cp,2))
  names(freq)=c('组中值','频数','频率(%)','累计频数(%)')
  freq
}
```

8.2.3 自定义检验函数

一、自定义置信区间函数

1. 基于正态分布的 u 值画置信区间的函数

```
u.conf.plot<-function(conf.level=0.95){
  x=seq(-3,3,0.1)
  curve(dnorm(x),-3,3)
  legend(-1.3,0.3,paste("1-a=",conf.level),bty="n")
  a=1-conf.level
  ua=qnorm(c(a/2,1-a/2))
  abline(v=c(ua),lty=3)
  ua
}
```

2. 已知标准差求置信区间的函数

```
z.conf.int<-function(x,sigma,conf.level=0.95) {
    n=length(x)
    a=1 - conf.level
    za=qnorm(1 - a/2)
    c(mean(x) - za * sigma/sqrt(n),mean(x) + za * sigma/sqrt(n))
}
z.conf.int(UG$height,10)
```

3. 基于 t 分布值画置信区间的函数

```
t.conf.plot<-function(n,conf.level=0.95) {
    x=seq(- 4,4,0.1)
    curve(dt(x,n - 1), - 4,4)legend(- 1.7,0.2,paste("1 - a=",conf.level),bty="n")
    a=1 - conf.level
    ta=qt(c(a/2,1 - a/2),n - 1)
    abline(v=c(ta),lty=3)
    ta
}
```

二、自编单样本 t 检验程序

在 6.2.2 我们应用 R 语言自带的 t.test 函数进行了单样本均值的 t 检验，下面自己动手编写进行单样本检验的 R 程序。

```
t.test1<-function(x,mu=0) {
    n=length(x)
    xbar=mean(x)
    s=sd(x)
    se=s/sqrt(n)
    t=(xbar - mu)/se
    df=n - 1
    p=2 * pt(t,n - 1)
    list(t=t,df=df,p=p)    #cat('t=',t,'df=',df,'p - value=',p)
}
```

三、自编两样本 t 检验程序

在 6.2.3 我们应用 R 语言自带的 t.test 函数进行了两样本均值的 t 检验，下面自己动手编写进行两样本检验的 R 程序。

1. 两样本方差齐性检验的 R 程序

```
var.test2 <- function(x, y, mu = c(Inf, Inf), side = 0) {
    n1=length(x) ;n2=length(y)
if(all(mu < Inf)) {
        Sx2=sum((x - mu[1])^2)/n1 ;Sy2=sum((y - mu[2])^2)/n2
        df1=n1 ;df2=n2
    }
    else {
        Sx2=var(x) ;Sy2=var(y) ;df1=n1 - 1 ;df2=n2 - 1
}
F=Sx2/Sy2
    P=P_value(pf, F, df=c(df1, df2), side=side)
list(S1=Sx2, S2=Sy2, df1=df1, df2=df2, F=F, p_value=P)
}
```

2. 前文程序中用的计算假设检验 p 值的函数（考虑单、双侧）

```
P_value <- function(cdf, x, df=numeric(0), side=0) {
    k=length(df)
    P=switch(k + 1, cdf(x), cdf(x, df), cdf(x, df[1], df[2]), cdf(x, df[1], df[2], df[3]))
    if(side<0)    P
    else if(side>0)1 - P
    else
    if(P<1/2)    2*P
      else        2*(1 - P)
}
```

3. 两样本均值 t 检验的 R 程序

```
t.test2 <- function(x, y, sigma=c(-1,-1), var.equal=FALSE, side=0) {
    n1=length(x) ;n2=length(y)
    xb=mean(x) ;yb=mean(y)
    if(all(sigma>=0)) {
        z=(xb - yb)/sqrt(sigma[1]^2/n1 + sigma[2]^2/n2)
        list(mu=xb - yb, df=n1 + n2, Z=z, p_value=P_value(pnorm, z, side=side))
    }
    else {
        if(var.equal==TRUE) {
          Sw=sqrt(((n1 - 1)* var(x) + (n2 - 1)* var(y))/(n1 + n2 - 2))
          t=(xb - yb)/(Sw* sqrt(1/n1 + 1/n2))
          df=n1 + n2 - 2
        }
        else {
            S1=var(x) ;S2=var(y)
            df=(S1/n1 + S2/n2)^2/(S1^2/n1^2/(n1 - 1) + S2^2/n2^2/(n2 - 1))
```

```
         t=(xb − yb)/sqrt(S1/n1 + S2/n2)
    }
       list(mu=xb − yb, df=df, t=t, p_value=P_value(pt, t, df, side))
  }
}
```

8.3 R 语言高级绘图功能

8.3.1 绘制特殊统计图

1. 散点图中散点大小同因变量值成比例如何画

在 R 中作这类图很简单，因为 R 的很多绘图参数可以直接使用变量。

```
x=1:10
y=runif(10)
symbols(x, y, circles=y/2, inches=F, bg=x)
```

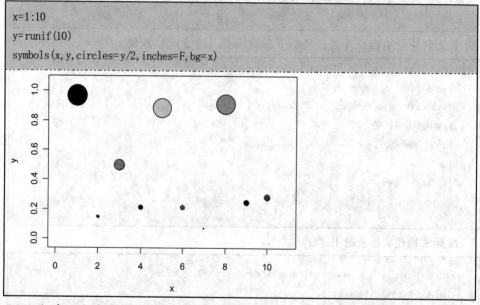

2. 如何在一个直方图上添加一个小的箱式图

在直方图的空白位置添加另外的小图（像图例一样），仍然使用参数 par()。

```
x=rnorm(100)
hist(x, main="")
op<-par(fig=c(.02, .5, .5, .98), new=TRUE)
boxplot(x)
par(op)
```

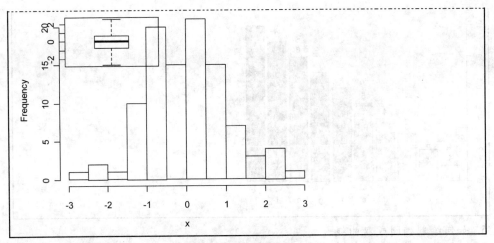

3. 如何在 R 的绘图中加入数学公式或希腊字符

参考 plotmath，熟悉 LaTex 的用户，会发现两者语法非常类似。

```
par(mar=c(4,4,2,1),cex=0.75)
x=1:10;plot(x,type="n")
text(3,2,expression(paste("Temperature(",degree,"C) in 2003")))
text(4,4,expression(bar(x)==sum(frac(x[i],n),i==1,n)))
text(6,6,expression(hat(beta)==(X^t*X)^{.1}*X^t*y))
text(8,8,expression(z[i]==sqrt(x[i]^2+y[i]^2)))
```

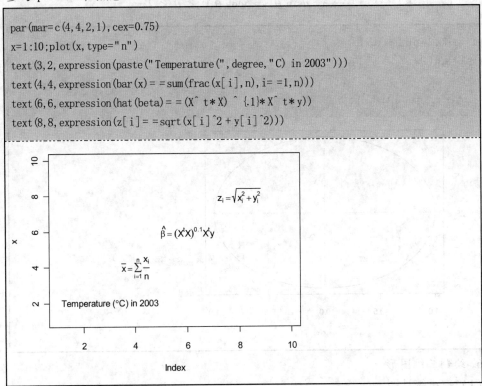

4. 如何在条图上显示每个 bar 的数值

如果明白 barplot() 函数其实是由低级绘图命令 rect() 函数构造的，那么下面的例子也就不难理解了。

```
x=1:10;names(x)<-letters[1:10]
b=barplot(x,col=rev(heat.colors(10)))
text(b,x,labels=x,pos=3)
```

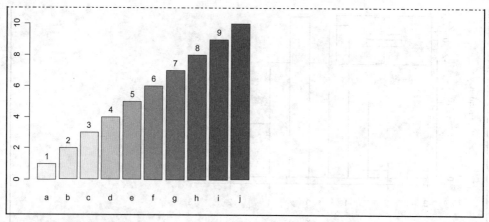

5. 如何绘制椭圆或双曲线

根据函数式的基本绘图，直角坐标系下可使用参数方程：

$$\left(\frac{x}{a}\right)^2 + \left(\frac{y}{b}\right)^2 = 1 \Rightarrow x = a\sin\theta, y = b\cos\theta, 0 < \theta < 2\pi$$

```
t=seq(0,2*pi,length=100)
x=1*sin(t)
y=2*cos(t)
plot(x,y,type='l');abline(h=0,v=0,lty=3)
```

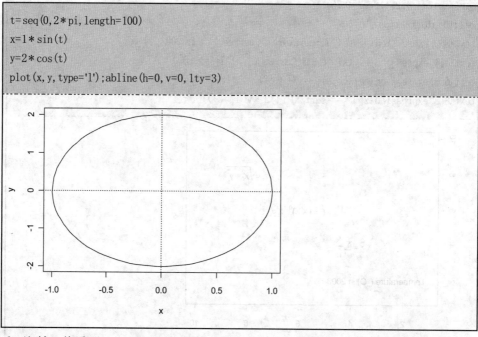

6. 绘制三维图形

（1）三维统计图。

```
x<-seq(-10,10,length=30);y<-x
f<-function(x,y){r<-sqrt(x^2+y^2);10*sin(r)/r}
z<-outer(x,y,f);z[is.na(z)]<-1
persp(x,y,z,theta=30,phi=30,expand=0.5,col=1:8)
```

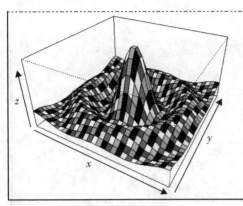

（2）三维空间图。

```
z=2*volcano;x=10*(1:nrow(z));y=10*(1:ncol(z))
z0=min(z)-20
z=rbind(z0,cbind(z0,z,z0),z0)
x=c(min(x)-1e-10,x,max(x)+1e-10)
y=c(min(y)-1e-10,y,max(y)+1e-10)
fill <- matrix("green3",nr=nrow(z)-1,nc=ncol(z)-1)
fill[,i2 <- c(1,ncol(fill))] <- "gray";fill[i1 <- c(1,nrow(fill)),] <- "gray"
fcol <- fill
zi <- volcano[-1,-1]+volcano[-1,-61]+volcano[-87,-1]+volcano[-87,-61]
fcol[-i1,-i2] <- terrain.colors(20)[cut(zi,quantile(zi,seq(0,1,len=21)),include.low-
est=TRUE)]par(mar=rep(.5,4))
persp(x,y,2*z,theta=110,phi=40,col=fcol,scale=FALSE,
    ltheta=-120,shade=0.4,border=NA,box=FALSE)
```

7. 绘制统计地图

（1）世界统计地图。

```
library(maps)
par(mar = rep(1,4))
us.map <- map("world",plot=FALSE,fill=TRUE)
plot(us.map,type = "1",col = 1)        #世界统计地图
```

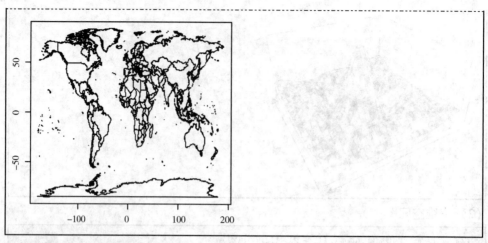

（2）美国统计地图。

```
us.map <- map("state", plot=FALSE, fill=TRUE)
plot(us.map, type = "l", col = "red")        #美国统计地图
```

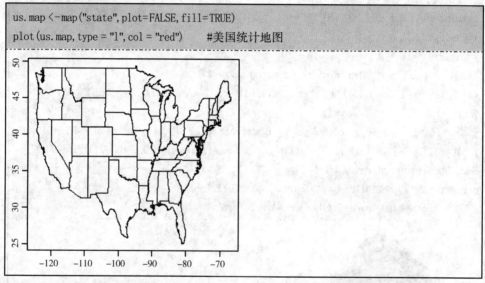

绘图是进行数据探索分析的重要方法，也是数据报告中的必备元素。但进行多元数据绘图时，R语言中的基本绘图工具往往很不给力，可以使用 lattice 包和 ggplot2 包来拯救你。虽然刚开始学习这种绘图方法时会有少许难度，但跨过这道坎后你会感觉到它的简洁和强大。

8.3.2　lattice 绘图系统

lattice 包是一个非常强大的高级绘图程序包，由 Deepayan Sarkar 编写。这个程序包把 20 世纪 90 年代初期在贝尔实验室发展起来的特雷里斯图形框架（Trellis）变成了现实，它可以将数据子集的图像显示在一个单独的面板上。

一、lattice 绘图和普通绘图的区别

网格（lattice）绘图实际上是 S - PLUS 中 Trellis 绘图在 R 中的实现，是多元数据可视化的方法。网格绘图相对于普通绘图来说，是一种拥有"固定格式"的绘图方式，所以比较难修改。如果数据分属不同的类别，需要将这些类别下的数据进行比较，网格绘图是很不错的选择。

```
library(lattice)
histogram(~ height |sex, data=UG)
```

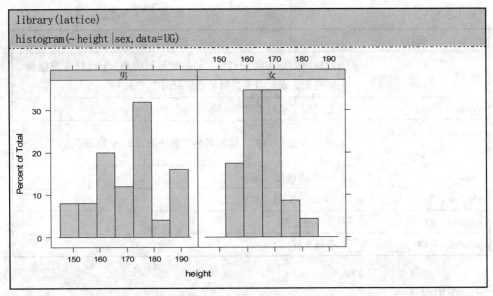

也可采用 lattice 中的 bwplot 绘制分组箱式图。

```
bwplot(~height |sex, data=UG)
```

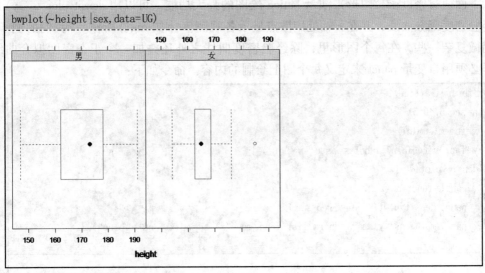

二、常用的 lattice 绘图函数

表 8 - 5　常用的 lattice 绘图函数

函数	说明
barchart（$y \sim x$）	y 对 x 的条图
bwplot（$y \sim x$）	盒形图
densityplot（$\sim x$）	密度函数图
dotplot（$y \sim x$）	Cleveland 点图（逐行逐列累加图）
histogram（$\sim x$）	x 的频率直方图
qqmath（$\sim x$）	x 的关于某理论分布的分位数—分位数图
stripplot（$y \sim x$）	一维图，x 必须是数值型，y 可以是因子

（续上表）

函数	说明
qq $(y \sim x)$	比较两个分布的分位数，x 必须是数值型，y 可以是数值型、字符型，或者因子，但是必须有两个"水平"
xyplot $(y \sim x)$	二元图（有许多功能）
levelplot $(z \sim x *y)$, contourplot $(z \sim x *y)$	在 x、y 坐标点的 z 值的彩色等值线图（x、y 和 z 等长）
cloud $(z \sim x *y)$	3 – D 透视图（点）
wireframe $(z \sim x *y)$	3 – D 透视图（点）
splom $(\sim x)$	二维图矩阵
parallel $(\sim x)$	平行坐标图

三、模拟例子

下面通过密度函数图形来演示 lattice 绘图的强大功能。可以用 densityplot $(\sim x)$ 作出经验密度函数曲线，并在 x 轴处用散点显示各观测值［如 rug() 所作］。我们的例子将会稍微复杂一些，在每个图形里，除经验密度曲线之外还叠加一个正态密度拟合曲线。这样必须用自变量 panel 来定义每个图上绘制的内容。命令如下：

```
library(lattice)
n=seq(5,40,5)
x=rnorm(sum(n))
y=factor(rep(n,n),labels=paste("n=",n))
densityplot(~ x |y,
   panel=function(x,...) {
   panel.densityplot(x,col="red",...)
   panel.mathdensity(dmath=dnorm,list(mean=mean(x),sd=sd(x)),col="blue")
})
```

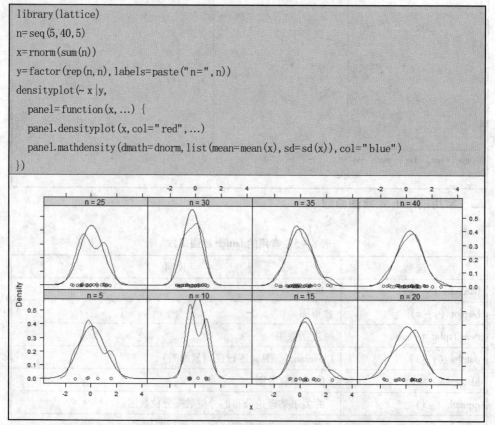

命令的前三行产生随机独立正态样本，分割成个数等于 5，10，15，…，40 的子样

本。然后用 densityplot 为每个子样本产生图形。panel 为函数的自变量。在例子中，我们定义一个函数调用 lattice 中的预先确定的两个函数：panel. densityplot 绘制经验密度函数，panel. mathdensity 绘制拟合的正态分布密度函数。函数 panel. densityplot 被缺省调用，如果没有自变量给 panel，命令 densityplot($\sim x|y$) 将有和上图相同的结果，但是没有蓝线。

8.3.3　ggplot2 绘图系统

一、简介

1. 什么是 ggplot2

ggplot2 是用于绘图的 R 语言扩展包，其理念根植于一本名叫"Grammar of Graphics"的书。它将绘图视为一种映射，即从数学空间映射到图形元素空间。例如，将不同的数值映射到不同的色彩或透明度。该绘图包的特点在于并不去定义具体的图形（如直方图、散点图），而是定义各种底层组件（如线条、方块）来合成复杂的图形，这使它能以非常简洁的函数构建各类图形，而且默认条件下的绘图品质就能达到出版要求。

2. ggplot2 与 lattice 的比较

ggplot2 和 lattice 都属于高级的格点绘图包，初学 R 语言的朋友可能会在二者选择上有所疑惑。从各自特点上来看，lattice 入门较容易，作图速度较快，图形函数种类较多，比如它可以进行三维绘图，而 ggplot2 不能。ggplot2 需要学习一段时间，但当你熟悉以后，就能体会到它的简洁和优雅，而且 ggplot2 可以通过底层组件构造前所未有的图形，这时你的限制就只有你的想象力。

3. ggplot2 绘图的基本概念

（1）图层（Layer）：如果你用过 Photoshop，那么对图层一定不会陌生。一个图层好比是一张玻璃纸，包含有各种图形元素，你可以分别建立图层然后叠放在一起，组合成图形的最终效果。图层可以允许用户一步步地构建图形，方便单独对图层进行修改，增加统计量，甚至改动数据。

（2）标度（Scale）：标度是一种函数，它控制了数学空间到图形元素空间的映射。一组连续数据可以映射到 x 轴坐标，也可以映射到一组连续的渐变色彩。一组分类数据可以映射成为不同的形状，也可以映射成为不同的大小。

（3）坐标系统（Coordinate）：坐标系统控制了图形的坐标轴并影响所有图形元素，最常用的是直角坐标轴，坐标轴可以进行变换以满足不同的需要，如对数坐标，其他可选的还有极坐标轴。

（4）位面（Facet）：很多时候需要将数据按某种方法分组，分别进行绘图。位面就是控制分组绘图的方法和排列形式。

二、ggplot2 绘图

下面用一个例子展示一下 ggplot2 绘图的功能。首先加载 ggplot2 包，然后用 ggplot 定义第一层即数据来源。其中 aes 参数非常关键，它将 height 映射到 x 轴，将 weight 映射到 y 轴。然后使用"＋"号添加了两个新的图层，第二层加上了散点。

```
library(ggplot2)      #需安装ggplot2包,install.packages("ggplot2")
p<-ggplot(data=UG,aes(x=height,y=weight))
p + geom_point()
```

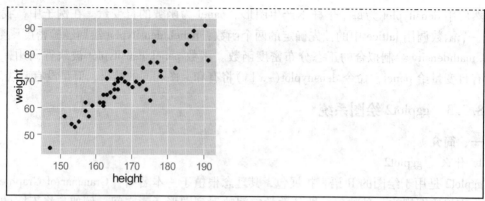

三、为什么要用 ggplot2

使用 ggplot2 的原因有以下三点：

（1）用户能在更抽象层面上控制图形，使创造性绘图更容易。

（2）采用图层的设计方式，有利于结构化思维。

（3）图形美观，同时避免烦琐细节。

使用 ggplot2 时应注意以下几点：

（1）每个点都有自己图像上的属性，比如 x 坐标、y 坐标，点的大小、颜色和形状，都叫作 aesthetics。图像上可观测到的属性，是通过 aes 函数来赋值的；如果不赋值，则采用 R 的内置默认参数。

（2）ggplot 先做 mapping，设定画图对象的 x 坐标和 y 坐标，以及点的颜色、形状，其描述对象的方式都是数据类型（通过 aes 来设定参数），然后再做 scaling，把映射的数据转化为图形语言，如转化为像素大小。

（3）geom 决定了图像的"type"，即几何特征，是用点来描述图像，还是用柱或者用条形来描述图像。

（4）关于变量问题，ggplot 函数中赋予的值是全局性质的，如果不希望全局生效，放到后面" +"对应的图层中去。例如：

1）直方图：

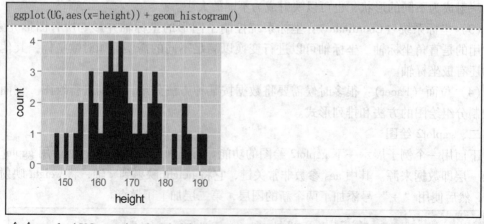

命令 ggplot（UG，aes（x=height））+ geom_ histogram（）表示在图层 ggplot（UG，aes（x=height））的基础上增加直方图 geom_ histogram（），所以也可以写成

  g<-ggplot（UG，aes（x=height））

g + geom_histogram()

2）散点图：

将 sex 变为分类数据后映射为不同的颜色。

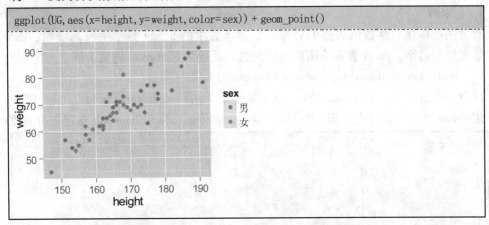

另外，可以画不同类型的记号（shape）/颜色（color），比如：

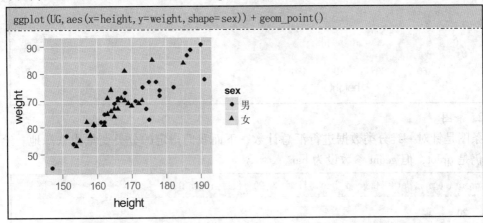

3）图像保存方法：ggsave(plot=，filename=)，plot 填写图像对象，filename 为保存的文件名。

4）共用同一个坐标，绘制不同的 y 值，非常简单，只需要将 y 的 data 赋值放到后面的 geom 语句中。例如：横坐标为 income，希望同时绘制 height、weight 在同一个图形中。

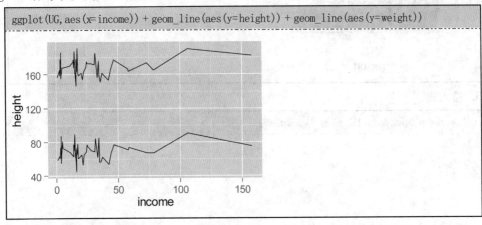

四、qplot 绘图函数快速入门

对于初学者，ggplot2 提供了 qplot 函数，可以方便地绘制多种图形，下面来看看它是如何操作的。

1. 直方图

直方图是描述一维数值数据的分布，下述函数中的 height 是学生身高变量，data 表示了数据集的名字，geom 表示绘图的几何对象，此处为 histogram 即直方图。

```
qplot( height,data=UG,geom=c('histogram') )
```

该命令等价于上面的 ggplot(UG,aes(x=height)) + geom_ histogram()。

用 colour 表示描边颜色，fill 表示填充颜色，此外还可以用 binwidth 指定划分宽度。

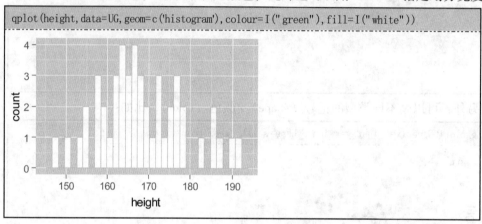

2. 条图

条图是针对一维分类数据进行汇总计数，下面我们指定的分类变量为来源地。绘图函数仍是 qplot，但 geom 参数设为 bar。

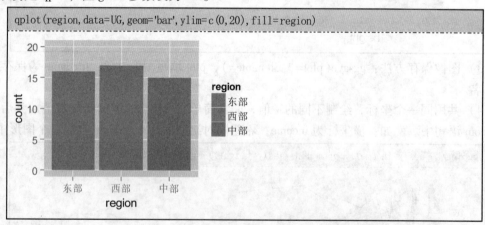

3. 箱式图

```
qplot(sex,height,data=UG,geom=c('boxplot'))
```

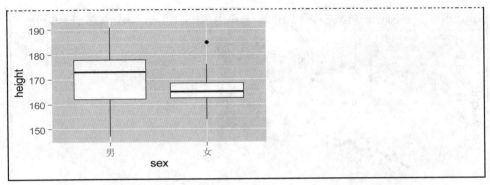

geom 参数设为 boxplot，然后加上 jitter 显示散点，alpha 设置透明度。

```
qplot(sex, height, data=UG, geom=c('jitter', 'boxplot'), alpha=I(0.5), colour=sex)
```

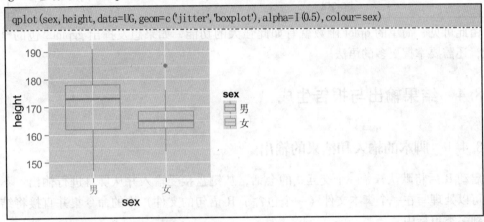

4. 散点图

散点图是描述两个数值数据间的关系，对于多元数据，通常可以用散点颜色和大小来反映不同的属性，下面对身高与体重进行绘图，其中 colour 参数指定不同的性别所显示点的颜色，图形横轴和纵轴均为对数坐标，相当于对两个变量都进行了对数变换，然后针对不同性别的数据加上了线性回归线。

```
qplot(height, weight, data=UG, geom=c('point', 'smooth'), method='lm', colour=sex, se=F)
```

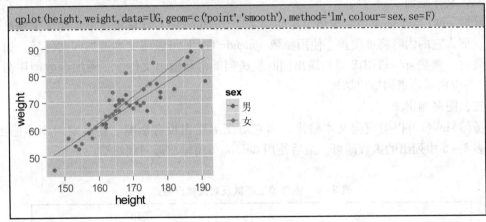

下图则是根据不同的性别将数据分别绘制散点图并进行线性回归，其中 facets 参数指定了子图划分方法。

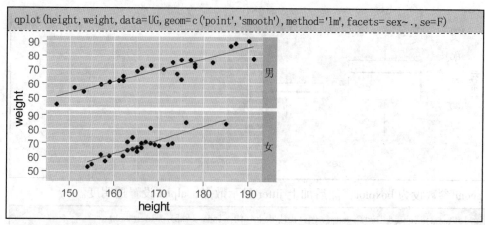

```
qplot(height,weight,data=UG,geom=c('point','smooth'),method='lm',facets=sex~.,se=F)
```

由此可见，简单的 qplot 函数就有如此强大的功能，如果想发挥出 ggplot2 包的全部功能，还需要掌握更多的语法。

8.4　结果输出与报告生成

8.4.1　脚本的输入和结果的输出

启动 R 后将默认开始一个交互式的会话，从键盘接受输入并从屏幕进行输出。不过你也可以处理写在一个脚本文件（一个包含了 R 语句的文件）中的命令集并直接将结果输出到多类目标中。

一、脚本输入

函数 source("filename")可在当前会话中执行一个脚本。如果文件名中不包含路径，R 将假设此脚本在当前工作目录中。例如，source("script1. R")将执行包含在文件 script1. R 中的 R 语句集合。依照惯例，脚本文件以 . R 作为扩展名，不过这并不是必需的。

二、文本输出

函数 sink("filename")将输出重定向到文件 filename 中。默认情况下，如果文件已经存在，那么它的内容将被覆盖。使用参数 append=TRUE 可以将文本追加到文件后，而不是覆盖它。参数 split=TRUE 可将输出同时发送到屏幕和输出文件中。不加参数调用命令 sink()将仅向屏幕返回输出结果。

三、图形输出

虽然 sink()可以重定向文本输出，但它对图形输出没有影响。要重定向图形输出，使用表 8-6 中列出的函数即可。最后使用 dev. off()将输出返回到终端。

表 8-6　图形输出函数及对应输出格式

函数	输出
pdf("filename. pdf")	PDF 文件
win. metafile("filename. wmf")	Windows 图元文件

（续上表）

函数	输出
png("filename. png")	PBG 文件
jpeg("filename. jpg")	JPEG 文件
bmp("filename. bmp")	BMP 文件
postscript("filename. ps")	PostScript 文件

下面让我们通过一个示例来了解整个流程。假设我们有包含 R 代码的一个脚本文件 script1. R，执行以下语句：

```
source("script1.R")
```

那么将会在当前会话中执行 script1. R 中的 R 代码，结果将出现在屏幕上。

如果执行语句为：

```
sink("myout", append=T, split=T)
pdf("mygraph.pdf")
```
```
source("script1.R")
dev.off()
```

文件 script1. R 中的 R 代码将执行，结果也将显示在屏幕上。除此之外，文本输出将被追加到文件 myout 中，图形输出将保存到文件 mygraph. pdf 中。

最后，如果我们执行语句：

```
sink()
source("script1.R")
```

文件 script1. R 中的 R 代码将执行，结果将显示在屏幕上。这一次，没有文本或图形输出保存到文件中。

8.4.2　使用 R Markdown 统计分析

每位试图解决 LaTeX 的不便，又试图保留其优点的人们，都走上了一条不归路。实际上，LaTeX 可以作为最终格式生成，但是，中间的写作过程，完全可以用 Markdown 简单明了的语法来写，我们真正需要的，只是一堆数学公式、图表与参考文献而已。而数学公式和图表，恰恰是 R 的强项。参考文献，则要留给开源社区进一步解决。于是，它在的新作 R 包 knitr 中，果断提供了 Markdown 的支持；并说服 R 社区主流编辑器厂家，开源软件 RStudio 提供 Markdown 支持，从而使得 Rmd 这种新格式开始流行。我们有幸看到这个重要格式的诞生，国人的贡献如此重要。

1. 安装并配置 RStudio

在 RStudio 中，打开配置选项，然后进行如下配置：

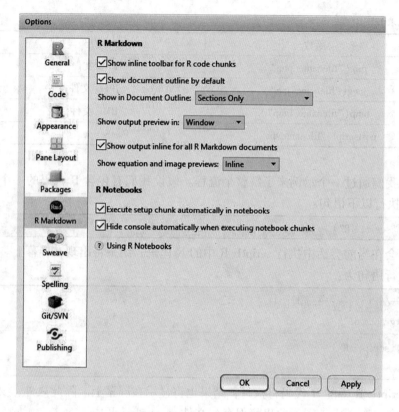

2. 新建 Rmd 文档

新建一个 Rmd 文档，如下图所示：

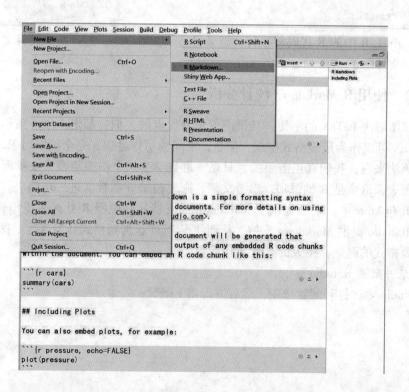

然后，默认产生一个样板，大家可以修改样板供自己使用：

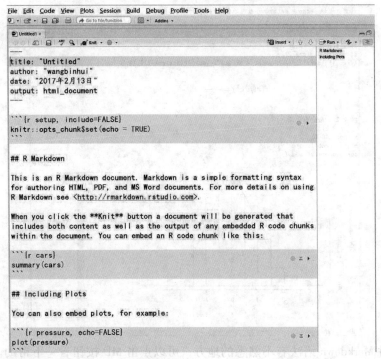

3. 使用 R Markdown 进行数据分析

下面是我们在样板基础上所做的修改：

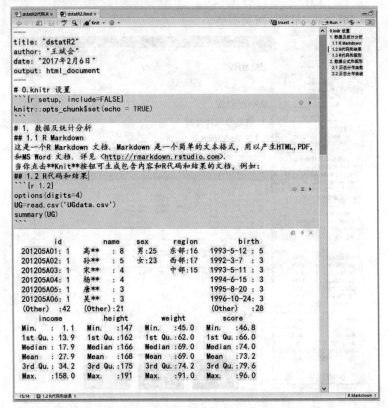

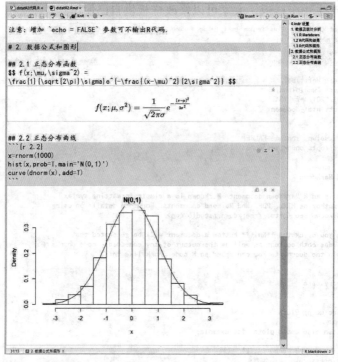

如果你对 Markdown 语法有不熟悉的地方，可以点击 MD 按钮看一下帮助。

8.4.3　使用 R Markdown 生成报告

点击 knit 按钮可生成 HTML 网页报告。

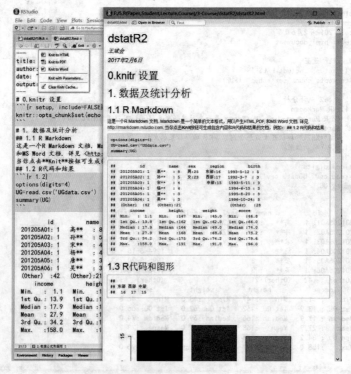

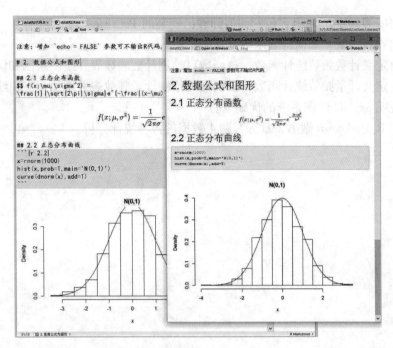

这样就能预览成功。你也可以点击保存，生成相应的图片、Markdown 文档及 HTML 文档。是的，你要的一切图片都有了！

这就是人们所推崇的文学性编程、可重复研究概念的神奇。更重要的是，它还保留了对 LaTeX 的无缝兼容，就是直接生成 LaTeX 格式的数学公式！

8.4.4　使用 Markdown 的好处

1. 真正意义上的可重复性研究

发表论文或者审核同事的报告时，最麻烦的事情，就是你不知道其所做的步骤或者计算是否有误。现在，代码嵌在报告正文中，或者附录在报告末尾，而你要做的，仅仅是一键生成。这就是真正意义上的可重复性研究！

2. 更强大的数学与制图能力

Markdown 既兼容了 LaTeX 的既有能力，又广泛借助于 R 自身强大的作图与统计学习能力。更重要的是，未来并不是非要用 R 语言作图不可。

3. 可实现云计算

真正意义上的云计算，尤其是类似于中小企业、小型实验室使用的小型云计算，不同于各类忽悠的云计算。Markdown + R 这种方式是最佳方式之一。上述例子中提到的应用，就是搭建在云计算中，同时提供各类接口，可以被 Ruby 程序调用。

4. Markdown 格式可与 LaTeX、Word 等格式互转

练习题

1. R 语言的工作目录在哪里？如何设定 R 语言的工作目录？

2. 如何更改小数点后显示数字位数？有哪些 R 语言函数？

3. Library 和 Package 有什么区别？library( ) 的逆向操作是什么？

4. 如何安装和更新 R 语言包？如何卸载已安装的 Packages？

5. 如何查找函数？如何得到函数的代码？

6. 试自定义计数频数统计函数，该函数可绘制计数频数表并绘制条图和饼图。

7. 试自定义计量频数统计函数，该函数可绘制计量频数表并增加正态曲线图。

8. 试说明 ggplot2 绘图系统的优缺点。

9. 请用 R Markdown 做第 2 章练习题 4 数据的各种统计分析。

9　R语言大数据分析入门

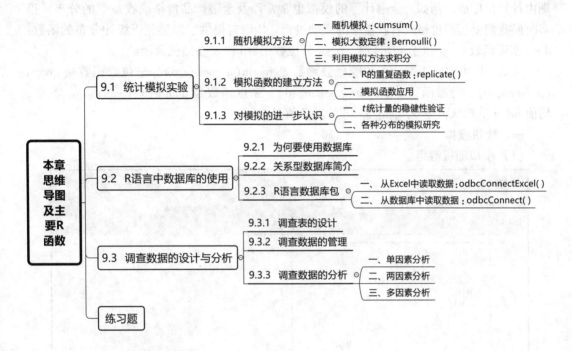

9.1　统计模拟实验

9.1.1　随机模拟方法

随机模拟，也称蒙特卡罗（Monte Carlo）模拟，是以概率论和统计学的理论为基础的一种模拟方法，又被称作统计实验法。蒙特卡罗模拟将所求解的问题与某个概率模型联系在一起，并在计算机上进行随机模拟，以获得问题的近似解。

蒙特卡罗是摩纳哥的著名赌城，第二次世界大战期间，冯·诺依曼和乌拉姆秘密研制原子弹，并将蒙特卡罗作为秘密代号，对裂变物质的中子随机扩散进行模拟。

蒙特卡罗模拟的最突出特点是模型的解是试验生成的，而不是计算出来的。它的主要优点可以归纳为如下三点：

（1）蒙特卡罗模拟方法和程序结构比较简单。蒙特卡罗模拟只需要对总体进行大量的重复抽样，然后求取这些模拟结果的期望值，这个期望值就是最终结果。蒙特卡罗模拟便于理解、使用和推广，它的适用范围非常广泛。它的计算机实现也比较简单。

（2）收敛速度与问题维数无关。蒙特卡罗模拟的收敛是概率意义下的收敛，无论问题维数多大，它的收敛速度都是一样的。所以，在低维情况下，它的速度看起来比较慢，但在高维情况下，就往往要比其他的数值计算方法的速度快得多。

（3）蒙特卡罗方法的适用性非常强。蒙特卡罗模拟在解决问题时受到问题条件的限制较小，而且不需要太多的前提假设，和现实模拟对象的实际情况较为接近。而其他数值方法则受问题条件限制比较大，适用性不强。

如果知道了某个概率分布，我们就可以通过 R 语言模拟生成服从这个分布的随机变量。随机数的生成是在进行统计模拟时进行随机抽样的基础，最早是手工产生的，现在则由计算机生成。例如，金融计算的模拟也常常涉及金融产品价格或收益率的分布，很多时候我们要模拟价格或者收益率的变动过程。R 语言提供了四类关于统计分布的函数：d－（密度函数）、p－（分布函数）、q－（分位数函数）和 r－（随机数函数）。

比如，R 中生成正态分布的随机数函数是 $rnorm(n, mean, sd)$，分位数函数是 $qnorm(p, mean, sd)$，分布函数是 $pnorm(q, mean, sd)$，密度函数是 $dnorm(x, mean, sd)$。其中，均值 mean 的默认值是 0，标准差 sd 的默认值是 1。

一、随机模拟

（1）模拟随机游走。

```
n=100
x=cumsum(rnorm(n))
plot(x, type='l')
```

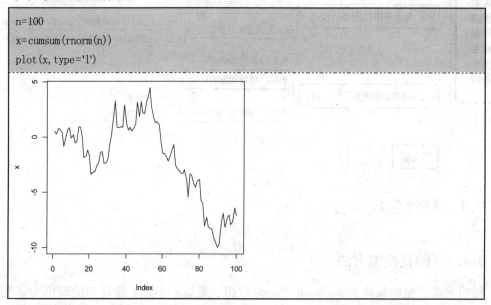

（2）模拟布朗运动：可以用标准正态的随机模拟值的累积和来模拟。

```
y=cumsum(rnorm(n))
plot(x, y, type='l')
```

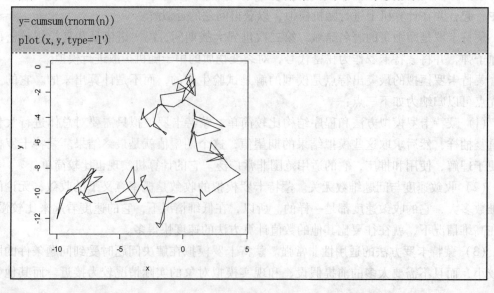

二、模拟大数定律

设随机事件 E 的样本空间中只有有限个样本点，即 $\Omega = \{\omega_1, \omega_2, \cdots, \omega_n\}$，其中 n 为样本点总数。每个样本点 ω_t（$t=1, 2, \cdots, n$）出现是等可能的，并且每次试验有且仅有一个样本点发生，则称这类现象为古典概型（classical probability model）。若事件 A 包含 m 个样本点，则事件 A 的概率定义为

$$P(A) = \frac{m}{n} = \frac{\text{事件 } A \text{ 包含的基本事件数}}{\text{基本事件总数}}$$

Bernoulli 大数定律：设 n_A 是 n 次独立重复试验中事件 A 发生的次数，p 是事件 A 在每次试验中发生的概率，则对于任意的正数 ε，有

$$\lim_{n \to \infty} P\left\{ \left| \frac{n_A}{n} - p \right| < \varepsilon \right\} = 1$$

Bernoulli 大数定律揭示了"频率稳定于概率"说法的实质。

```
Bernoulli<-function(m=500){
    f=rep(0,m)
    for(n in 1:m)
      f(n) = sum(sample(c(0,1),n,rep = T))/n
    plot(p,type='l',xlab='i',ylim=c(0,1));abline(h=0.5)
}
Bernoulli(100)      #掷硬币 100 次
Bernoulli(1000)     #掷硬币 1000 次
```

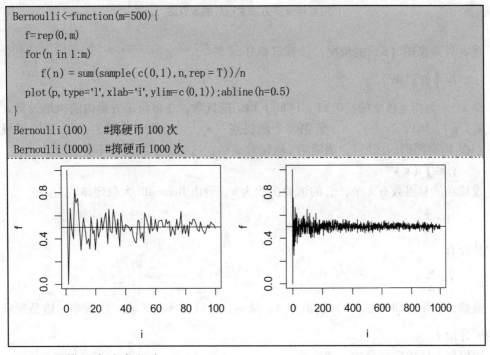

三、利用模拟方法求积分

随机数的最早应用之一是积分的计算。设 $f(x)$ 是一个函数，我们要计算积分 $E = \int_0^1 f(x)\,\mathrm{d}x$。因为 U 在（0, 1）上均匀分布，所以 E 可表示为 $E = E[f(x)]$。由 Bernoulli 大数定律我们以概率 1 有 $\sum_{i=1}^{k} \frac{f(U_i)}{k} \to E[f(U)] = E$，当 $k \to \infty$，首先生成大量随机数 U_i，之后用 $f(U_i)$ 的平均值近似得到积分 E。近似计算积分的方法叫作蒙特卡罗方法求积分。下面给出用模拟技术求定积分的方法：

$$I = \int_a^b g(x)\,\mathrm{d}x$$

解：下图（a）的阴影面积表示是定积分 I 的值。为简化问题，将函数限制在单位正方形（$0 \leqslant x \leqslant 1$，$0 \leqslant y \leqslant 1$）内，如下图（b）所示。只要函数 $g(x)$ 在区间 $[a, b]$ 内有

界，则可以适当选择坐标轴的比例尺度，总可以得到下图的形式。

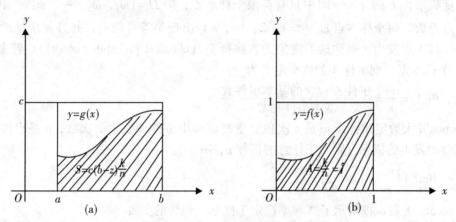

用蒙特卡罗方法求积分的示意图

现在只考虑图（b）的情况，计算定积分

$$I= \int_0^1 f(x)\,\mathrm{d}x$$

令 x、y 为相互独立的 [0，1] 区间上均匀随机数，在单位正方形内随机地投掷 n 个点 $(x_i，y_i)$，$i=1，2，\cdots，n$。若第 i 个随机点 $(x_i，y_i)$ 落于曲线 $f(x)$ 下的区域内 [图（b）内有阴影的区域]，表明第 i 次试验成功，这相应于满足概率模型

$$y_i \leqslant f(x_i)$$

设成功的总点数有 k 个，总的试验次数为 n，则由 Bernoulli 大数定律，有

$$\lim_{n\to\infty} \frac{k}{n}=p$$

从而有

$$\hat{I}= \frac{k}{n} \approx p$$

显然，概率 p 即为图（b）的面积 A，从而，随机点落在区域 A 的概率 p 恰是所求积分的估计值 $\hat{I}$。

用模拟方法求定积分的一般方法：

如要计算 $I= \int_a^b g(x)\,\mathrm{d}x$，令 $y=(x-a)/(b-a)$，则有

$$\mathrm{d}y= \mathrm{d}x/(b-a)$$

$$I= \int_a^b g(x)\,\mathrm{d}x= \int_0^1 g[a+(b-a)y](b-a)\,\mathrm{d}y= \int_0^1 h(y)\,\mathrm{d}y$$

其中，$h(y)=(b-a)g[a+(b-a)y]$。

若 $Y \sim U(0，1)$，则

$$E[h(Y)]= \int_{-\infty}^{+\infty} h(y)f(y)\,\mathrm{d}y= \int_0^1 h(y)\,\mathrm{d}y= I$$

$$I \approx \frac{1}{n}\sum_{i=1}^n h(y_i)= \frac{1}{n}\sum_{i=1}^n (b-a)g(a+(b-a)y_i)$$

其中，y_i是 $[0,1]$ 区间上均匀分布的随机数。

例如要计算标准正态分布曲线下的概率 $\int_{-1}^{1} \frac{1}{\sqrt{2\pi}} e^{-\frac{x^2}{2}} dx$ ，因为被积函数不可积，所以要利用蒙特卡罗模拟方法计算。

```
plot(seq(-3,3,0.1),dnorm(seq(-3,3,0.1)),type="1",xlab="x",
ylab=expression(phi(x)))
text(-3,0.3,adj=c(0,1),expression(phi(x)= =frac(1,sqrt(2*pi))~e^-frac(x^2,2)))
abline(v=c(-1,1),lty=3);text(0,0.1,expression(integral(phi(x)*dx,-1,1) %~~% 0.68))
```

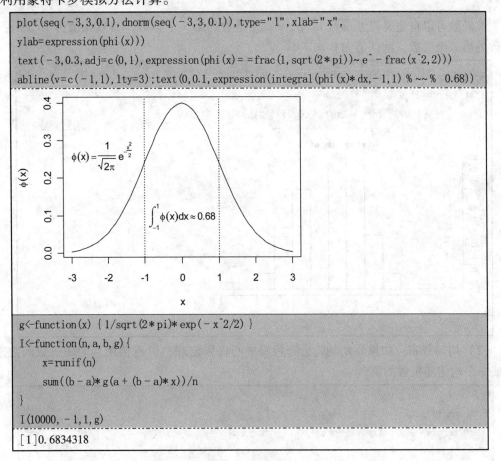

```
g<-function(x) {1/sqrt(2*pi)*exp(-x^2/2)}
I<-function(n,a,b,g) {
    x=runif(n)
    sum((b-a)*g(a+(b-a)*x))/n
}
I(10000,-1,1,g)
```
```
[1]0.6834318
```

9.1.2　模拟函数的建立方法

一、R的重复函数

在这部分，我们将介绍如何编写函数以及如何使用函数来实现模拟，可能有点复杂，不过非常有用。假如每次模拟都要编写一个循环，那将是非常麻烦的。replicate 函数就是专门用来解决这个问题的，只要编写一个用来生成随机数的函数，然后剩下的工作就交给 replicate 来做，这也是 R 语言强大的地方。

二、模拟函数应用

（1）二项分布：如果要用二项分布检验中心极限定理，需首先编写一个函数用来生成一个二项分布随机数的标准化值。假如 $x \sim b(n,p)$，则其标准化变量 $z = \dfrac{(x - np)}{\sqrt{np(1-p)}}$，随着 $n \to \infty$ 而依概率收敛于标准正态分布。

```
fb <- function(n = 10, p = 0.5) {
  x = rbinom(1, n, p);
  z = (x - n*p)/sqrt(n*p*(1 - p))
  }
```

该函数可以自定义设置参数 n、p，n 是 f 函数的第一个参数，其默认值为 10，p 是 f 函数的第二个参数，默认值为 0.5。

```
X = replicate(1000, fb());      #模拟 1000 个二项随机数
hist(X, prob=T)
u = seq(-4, 4, 0.01); lines(u, dnorm(u, 0, 1))    #标准正态曲线
```

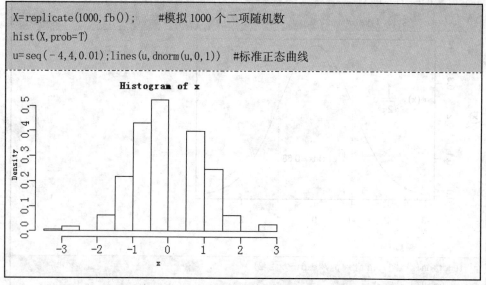

（2）均匀分布：如果要用均匀分布检验中心极限定理，可直接用均匀随机数函数来生成一个均匀随机数的值。

```
fu <- function(n = 10) {
  x = runif(n)
  z = (mean(x - 1/2)/(1/sqrt(12 * n)))
  z
}
X = replicate(1000, fu())          #模拟 1000 个均匀随机数
hist(X, prob=T, main='n=10')
u = seq(-4, 4, 0.01); lines(u, dnorm(u, 0, 1))
```

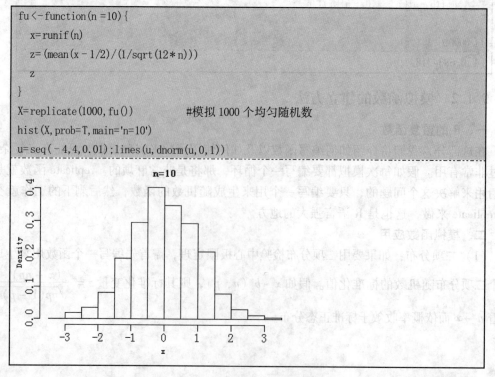

（3）指数分布：下面举一个偏态分布的数据，检验随着 n 的增大，其样本均值是否服从中心极限定理，不妨使用指数分布数据来模拟。首先编写函数生成均值和标准差都为 10 的指数分布数据（指数分布 $\mu=\sigma=1/\lambda$），并求样本均值标准化变量。

```
fe<-function(n,mu=10){
  x=rexp(n,1/mu)
  z=(mean(x-mu))/(mu/sqrt(n))
  z
}
```

接下来我们分别模拟 n 取 1，5，10，30 的情况，假如每次生成的随机数都是 10 000，并作直方图以及正态分布密度线。程序如下：

```
u=seq(-4,4,0.01)
par(mfrow=c(2,2))
  hist(replicate(10000,fe(1)),prob=T,main="n=1");lines(u,dnorm(u,0,1))
  hist(replicate(10000,fe(5)),prob=T,main="n=5");lines(u,dnorm(u,0,1))
  hist(replicate(10000,fe(10)),prob=T,main="n=10");lines(u,dnorm(u,0,1))
  hist(replicate(10000,fe(30)),prob=T,main="n=30");lines(u,dnorm(u,0,1))
par(mfrow=c(1,1))
```

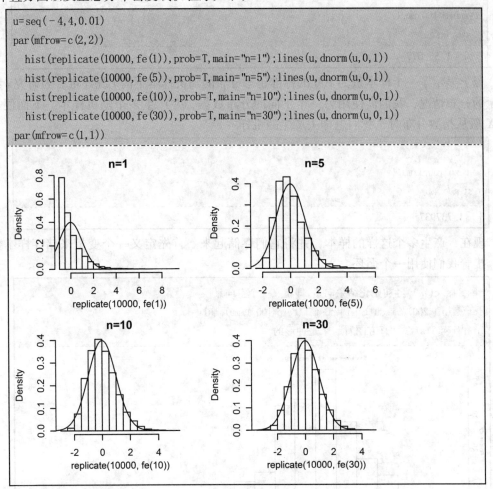

由上图可见，随着 n 的增大，样本均值越来越接近于正态分布。

9.1.3　对模拟的进一步认识

对于数据集 X_1，X_2，$\cdots$，X_n，t 统计量为 $t=\dfrac{\bar{x}-\mu}{s/\sqrt{n}}$。其中，$\bar{x}$ 为样本均值，s 为样本的标准差。若 X_n 服从正态分布，那么统计量将服从 t 分布。但如果 X_n 不服从正态分布呢？

一、t 统计量的稳健性验证

这类问题正是模拟所要研究的，用计算机产生随机数据并考察结果。首先，定义一个函数来产生数据集的 t 统计量。

```
t.stat<-function(x,mu){
  n=length(x)
  z=(mean(x)-mu)/(sd(x)/sqrt(n))
  z
}
```

现在，若想使用 t 统计量，只需使用下列函数即可。

```
mu=0;
x=rnorm(100,mu,1)
t.stat(x,mu)
```
```
[1] -1.552077
```

以上显示了一个样本量为100的标准正态分布的随机样本下的 t 统计量。为研究 t 统计量的分布情况，我们需使用另一个不同的分布数据，并产生多个随机样本。下面便是当 X_n 服从指数分布时，我们怎样去产生随机样本。

```
mu=10;
x=rexp(100,1/mu);
t.stat(x,mu)
```
```
[1]1.737937
```

现在，产生多个这样的样本，并将它们存储起来。首先定义一个变量来储存样本数据，接着我们使用一个循环。

```
results=c()        #初始化结果向量,即定义一个空向量
for(i in 1:200)    results[i]=t.stat(rexp(100,1/mu),mu)
hist(results)      #直方图看起来是钟形的
```

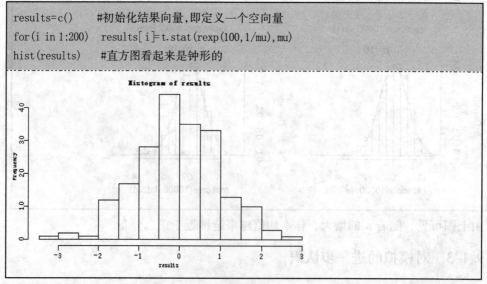

样本数据存储在变量 results 中，便可利用诸如直方图、箱式图和概率图的绘图工具去观察样本数据所服从的分布了。

```
boxplot(results)    #对称且无拖尾
```

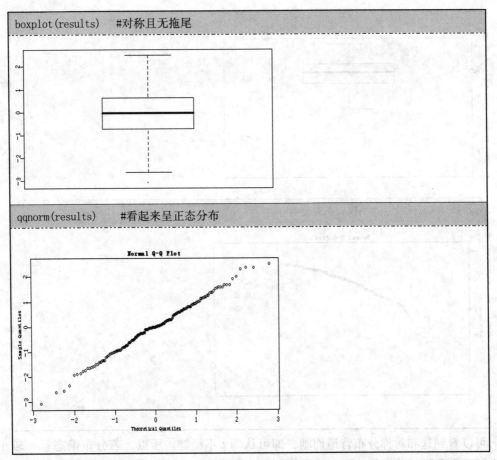

```
qqnorm(results)    #看起来呈正态分布
```

当 n=100 时，数据看起来近似正态分布。但当 n 比较小时会怎么样？t 统计量的分布自由度将为 $n-1$ 并呈拖尾形态。让我们看看 n=8 时的情形。

```
for(i in 1:200) results[i]=t.stat(rexp(8,1/mu),mu)
hist(results)    #直方图不呈钟形
```

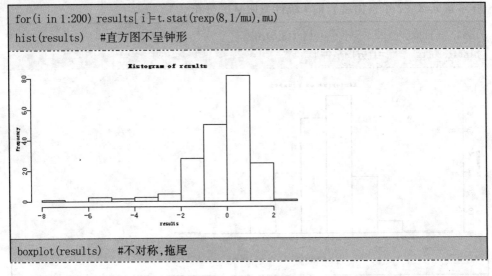

```
boxplot(results)    #不对称,拖尾
```

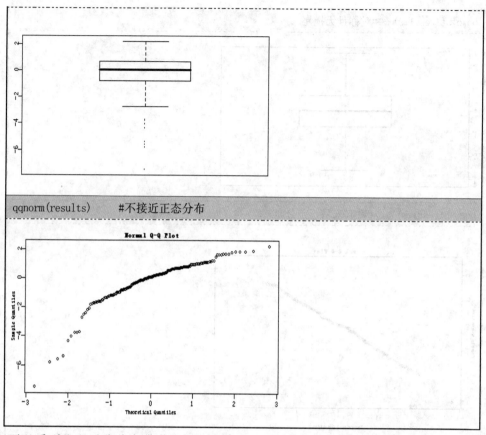

```
qqnorm(results)        #不接近正态分布
```

可以看到这和对称分布背道而驰，即可认为 t 不稳健。所以，若分布偏态且 n 较小，则 t 分布不稳健。当分布对称，但呈拖尾时会是怎样呢？什么样的随机分布符合这种特性呢？此种分布会不会是自由度较小的 t 分布？考察当潜在的总体服从自由度为 5 的 t 分布，样本量 $n=8$（7 个自由度）时 t 统计量服从的分布。

```
for(i in 1:200) results[i]=t.stat(rt(8,5),0)
hist(results)        #直方图呈钟形
```

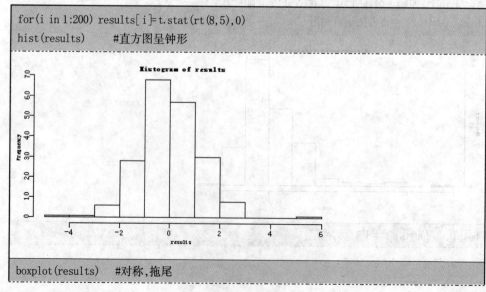

```
boxplot(results)      #对称,拖尾
```

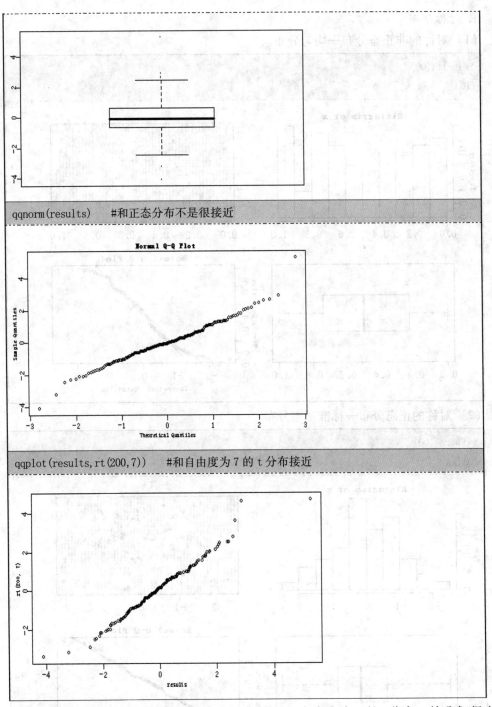

qqnorm(results)   #和正态分布不是很接近

qqplot(results, rt(200,7))   #和自由度为 7 的 t 分布接近

可以看到，分布对称、拖尾、非正态，却接近于自由度为 7 的 t 分布。故我们得出结论：t 统计量对此幅度的变动是稳健的。

二、各种分布的模拟研究

下面是对对称、偏态、拖尾或者截尾分布数据的模拟研究。

对于呈单峰分布的数据，总共有 5 种情况（对称、偏态、拖尾、截尾、正常）。下面是从已知分布得到的随机数据的例子。

1. 对称分布

（1）对称的非正态分布—均匀分布。

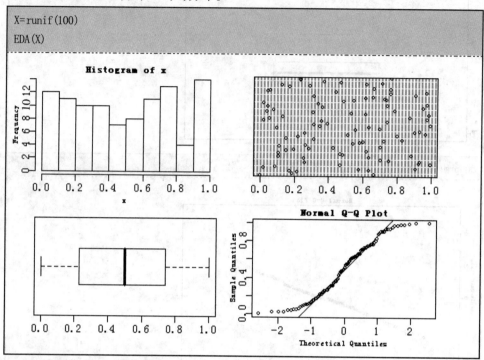

```
X=runif(100)
EDA(X)
```

（2）对称的正态分布—标准正态分布。

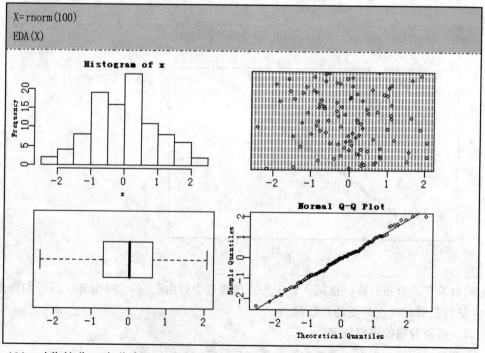

```
X=rnorm(100)
EDA(X)
```

（3）对称的非正态分布— t 分布。

```
X=rt(100,10)
EDA(X)
```

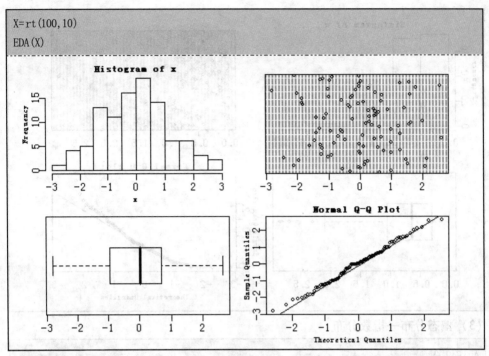

2. 非对称（偏态）分布

（1）偏态分布—F 分布。

```
X=rf(100,10,10)
EDA(X)
```

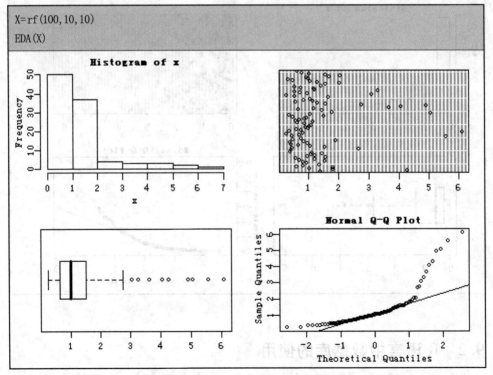

（2）偏态分布—半正态分布。

```
X=abs(rnorm(200))
EDA(X)
```

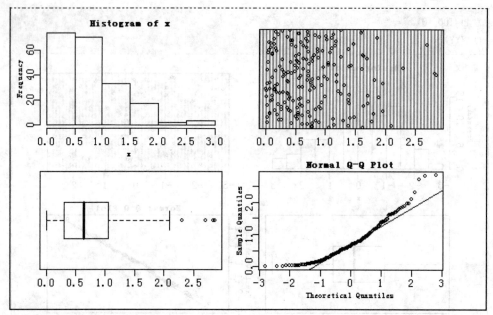

（3）偏态分布—指数分布。

```
X=rexp(200)
EDA(X)
```

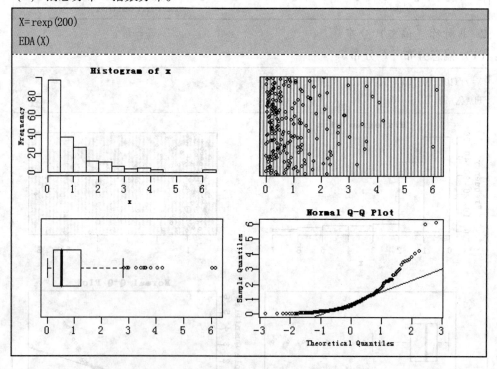

9.2 R语言中数据库的使用

9.2.1 为何要使用数据库

当分析的数据量很大时，采用电子表格类软件和R语言有两大问题：

（1）电子表格软件有数据限制，例如，Excel 2007 版以下版本数据最大为 65 560 个。

（2）R 操作的数据类别是有限制的，因为 R 中所有数据都是存留在内存中的，在执行一个函数的过程中数据可能被生成好几份，R 不适合操作大数据集。超过百兆的数据对象会导致 R 耗尽内存资源。

R 自身目前不容易支持数据获取。因为如果多个用户获取数据的时候，存在更新同一个数据，这样一个用户的操作对其他用户就是不可见的了。

R 支持永久性数据，你可以把一个数据对象和一个任务的整个工作表保存起来，并用于以后的任务中，然而存储的数据是针对 R 的，不太容易被其他系统操作。

用数据库管理系统（DBMS），尤其是关系型数据库管理系统（RDBMS）来完成这些工作，其功能如下：

（1）提供读取大数据集中快速选取部分数据的功能。

（2）数据库中强大功能的汇总和交叉列表的功能。

（3）以比长方形格子模型的电子表格和 R 数据库更加严格的方式保存数据。

（4）多用户并发存取数据，同时确保存取数据的安全约束。

（5）作为一个服务器为大范围的用户提供服务。

这样，DBMS 可能使用统计工具提取 10% 的样本数据，生成交叉列表，从而得到一个多维的列联表，从一个数据库中可以依照分组提取数据组进行独立的分析等。

9.2.2　关系型数据库简介

传统上，有大型（且昂贵）的商业化的关系型数据库管理系统（Informix、Oracle、Sybase、IBM's DB/2、Microsoft SQL Server）和学术的、小型系统的数据库系统（如 MySQL、PostgreSQL、Microsoft Access 等），前一类型极其强调数据的安全性。现在随着开源的 PostgreSQL 越来越高端，以及"自由"版本的 Informix、Oracle 和 Sybase 在 Linux 上使用，这种界线正在变得模糊。

同时还有其他常用的数据源类型，包括电子表格、非关系型数据库，乃至文本格式文件（可能是压缩的）。开放数据库接口（ODBC）是使用这些数据源的标准，其源于 Windows（参考 http://www.microsoft.com/data/odbc/），也可以在 Linux 或 Unix 上实现。

本节随后提及的包都提供了客户服务器数据库形式的服务。数据库可以驻留在本机也可以是远程（通常如此）设备上。有一个称为 SQL（结构化查询语言，读为"sequel"）接口语言的 ISO 标准，数据库管理系统均不同程度地支持这个标准。

9.2.3　R 语言数据库包

在 CRAN 上有几个包可以让 R 和 DBMS 进行通信，它们提供了不同层次的抽象。有一些可将整个数据框读入写出到数据库中。所有这些包中都有通过 SQL 查询语言的函数选取数据，读取结果分片（通常是不同组的行）或者整体作为数据框。

CRAN 上的 RODBC 包给支持 ODBC 的数据库管理系统提供了接口。它可以广泛存在，并允许相同的 R 代码和不同的数据库管理系统连通。RODBC 在 Unix、Linux 和 Windows 均可运行，并且几乎所有的数据库管理系统都支持 ODBC。已经测试了 Windows 上的 Microsoft SQL Server、Access、MySQL 和 PostgreSQL，以及 Linux 上的 MySQL、Oracle、

PostgreSQL 和 SQLite 等。ODBC 是一个客户服务器系统，可以顺利地在 Windows 客户机上连接运行在 Unix 上的数据库管理系统，反之同样可以。

在 Windows 下 R 语言不仅提供了对数据库管理系统的支持，而且提供了对 Excel 数据表、Dbase 文件，甚至文本文件的支持（这些应用都不再用安装了）。并发的连接是可能的。通过 odbcConnect 或者 odbcDriverConnect 函数调用（Windows 界面下，允许通过对话框操作）打开一个数据库连接，返回一个随后对数据库进行操作的句柄。打印一个数据库连接可以提供 ODBC 连接的一些细节，odbcGetInfo 函数可以提供客户机和服务器的细节。

通过调用 close 或者 odbcClose 函数可以关闭一个数据库连接，也可以在一个 R 流程结束时又没有 R 的对象引用其时自动地关闭（会给出一个警告）。一个数据库连接中各个表格的细节可以通过 sqlTables 函数得到。函数 sqlSave 把一个 R 的数据框写入到数据库的一个表中，sqlFetch 函数把数据库中的一个表写到 R 中的一个数据框。

一个 SQL 查询可以通过 sqlQuery 函数发送到数据库中。这样返回结果到一个 R 的数据框中（sqlCopy 发送一个查询到数据库中，并且将结果保存为数据库中的一个数据表）。

下面是一个使用 Access 的例子，ODBC 把列和数据框名字转化为小写。我们将使用预先建好的数据框 testdb，在 unixODBC 环境下把 DSN（数据源名称）保留在"~/.odbc.ini"文件中。相同的代码可以使用 MyODBC 在 Linux 或者 Windows（这时候 MySQL 也把名字转化为小写）下针对 MySQL 使用。在 Windows 操作环境下，DSN 在"控制面板"中操作（2000/xp 版本中，"ODBC 数据源"在管理工具选项中）。

一、从 Excel 中读取数据

前面说过，最好的数据管理和编辑软件是 Excel，多个数据可以保存在同一个 Excel 工作簿的数据表（sheet）中。如果要读取 Excel 工作簿数据，就需要安装和调用 RODBC 包，其命令为：

```
library(RODBC)                              #需安装 RODBC 包
Rxls=odbcConnectExcel("UnderGraduate.xls")
UG=sqlFetch(Rxls,"Sheet1")                  #获取 UnderGraduate.xls 的某个表 Sheet1
```

使用完 Excel 数据后，最好将其关闭，关闭该数据文件的命令如下：

```
close(Rxls)
```

需要说明的是，当 Excel 文件中包含的数据表较多时，我们通常只使用其中的某个表，尽量不要直接将其读入，因为全读入很占内存。

二、从数据库中读取数据

要在 Windows 中使用数据库，首先需要在 ODBC 数据源管理器里将需要的数据库添加进去，即 ODBC 数据源管理器—用户 DSN—添加 Microsoft Access Driver（*.mdb，*accdb）—创建新数据源，然后在建工程的时候创建一个带数据库支持的程序添加进去就行了。

建立了用户数据源后，其他步骤跟 Excel 的一样。

9.3　调查数据的设计与分析

9.3.1　调查表的设计

【股民股票投资状况问卷调查与分析】为了了解股民的投资状况，研究股民的股票投资特征，2016 年我们在全国范围组织了大规模的"股民投资状况抽样调查"。本次调查的抽样框主要涉及全国 30 个地区的 120 个城市，共发放问卷 1 200 000 份，回收有效问卷 1 136 845 份。问卷中设计了 16 个问题。

股民股票投资状况问卷调查表

一、性别：1. 男　　2. 女

二、年龄：＿＿＿＿周岁

三、到目前为止，您投资股票的结果是：1. 赚钱　　2. 不赔不赚　　3. 赔钱

四、您买卖股票主要依据的方法：

1. 基本因素分析法　　2. 技术分析法　　3. 跟风方法　　4. 凭感觉买卖

五、您在投资股票前对股票投资的风险是否有充分的认识：1. 有　　2. 没有

六、您是专职股票投资者还是业余股票投资者：1. 专职投资者　　2. 业余投资者

七、您当前的股票投资规模：＿＿＿＿＿＿＿＿万元

八、您的职业：（　　　　　）

　　1. 农民　　　　2. 工人　　　　3. 个体从业者　　4. 管理人员

　　5. 科教文卫　　6. 金融单位　　7. 国家干部　　　8. 无业人员

九、您的受教育程度：（　　　　　）

　　1. 文盲　　　　2. 小学　　　　3. 中学　　　　4. 高中

　　5. 中专　　　　6. 大专　　　　7. 本科　　　　8. 硕士研究生及以上

十、您用于股票投资的资金占您家庭总资金的比重：＿＿＿＿＿＿＿＿%

十一、总的来说，您买卖股票出入市的时间间隔是：（　　　　　）

　　1. 1 周以内　　2. 1～2 周　　　3. 3～4 周　　　4. 1～2 月

　　5. 3～5 月　　　6. 6～12 月　　7. 1 年以上

十二、您认为投资股票获益的原因是（可以多选）：（　　　　　）

　　1. 趋势要看对　　　　　2. 选股要选准　　　　3. 时机要选好

　　4. 要有独立的判断能力　5. 要合理地管理资金　6. 要有足够多的资金

十三、您做股票投资的主要资金来源（可以多选）：（　　　　　）

　　1. 自有资金　　　　　2. 公有资金　　　　　3. 银行贷款

　　4. 朋友间借款　　　　5. 替他人买卖股票

十四、您认为股票投资赔钱的主要原因是（可以多选）：（　　　　　）

　　1. 趋势看反了　　　　2. 选股选错了　　　　3. 出入市时机没有把握好

4. 跟着别人走　　　　5. 分散投资策略失误　　6. 其他赔钱原因

十五、您做股票投资的动因：（　　　　　　　）

　　1. 赚钱　　　　　　2. 体会一下玩股票的感觉　　　　　3. 个人兴趣

　　4. 消磨时间　　　5. 别人买卖股票赚了钱我也跟着做　　　6. 其他

十六、您参与股票买卖的时间：（　　　　　　）

　　1. 半年以下　　　2. 半年至 1 年　　　　　　　　　3. 1～2 年

　　4. 2～3 年　　　　5. 3～4 年　　　　　　　　　　　6. 4 年及以上

　　为了简化分析，本例的数据只考虑性别、年龄、投资结果、投资方法、风险意识、专兼职、投资规模、职业状况、受教育程度，共 9 个变量进行分析。

9.3.2　调查数据的管理

　　从数据管理和编辑方便来说，最好的软件应该是微软 Microsoft 的 Excel 和金山的 WPS 表格，大量的数据可以在一个电子表格工作簿中保存，但我们知道电子表格对数据量是有数据限制的（Excel 2003 的最大行是 65 536 行，从 Excel 2007 开始最大行是 1 048 576）。当数据量很大时，通常需要用数据库来管理数据。

　　由于我们的调查数据量比较大，因此用微软 Microsoft 的 Access 来管理数据。当然，当数据在 100 万级以内，用 Excel 2007 保存数据还是可行的，但操作起来就有些困难；而如果用的是 Excel 2003，就更不行了。

　　另外，考虑到数据的保存效率，通常将文字条目数字化，例如上面的调查数据，通常可按以下格式输入和保存数据：

　　1. 性别（sex，分类数据）：男（1）；女（2）；缺失为 0。

　　2. 年龄（age，数值数据）：原始数据，缺失为 0。

　　3. 投资结果（result，分类数据）：赚钱（1）；不赔不赚（2）；赔钱（3）。

　　4. 投资方法（method，分类数据）：基本因素分析法（1）；技术分析法（2）；跟风方法（3）；凭感觉买卖（4）。

　　5. 风险意识（risk，分类数据）：有（1）；没有（2）。

　　6. 专兼职（post，分类数据）：专职（1）；业余（2）。

　　7. 投资规模（fund，数值数据）：原始数据，缺失为 0。

　　8. 职业（job，分类数据）：农民（1）；工人（2）；个体从业者（3）；管理人员（4）；科教文卫（5）；金融单位（6）；国家干部（7）；无业人员（8）。

　　9. 受教育程度（edu，分类数据）：文盲（1）；小学（2）；中学（3）；高中（4）；中专（5）；大专（6）；本科（7）；硕士研究生及以上（8）。

在 R 语言中要读入 Access 数据，首先要像上节那样，在 ODBC 中创建一个数据源名，例如 myODBC，调用 RODBC 包的命令为：

```
library(ODBC)
Rmdb=odbcConnect("myODBC",uid="",pwd="")
stock=sqlQuery(Rmdb,"select * from stock")
dim(stock)
```
```
[1]1136845      9
```

这样我们就将所有调查数据读入 R 语言的一个 1 136 845 行 9 列的数据框 stock 中，这是常规的方法，这个方法当数据很大时显然不可行，在 R 中使用 SQL 语句跟在其他数据库中基本一样，这样就可以用 R 语言处理大数据了！

```
stock1=sqlQuery(Rmdb,"select*from stock where sex=1 and post=1 order by fund")
dim(stock1)
```
```
[1]1136845      9
```

这样我们就将所有调查数据读入 R 语言的一个 1 136 845 行 9 列的数据框 stock1 中，并可在该数据框中分析数据。

注意：数据库用完后一定要关闭！

```
odbcClose(Rmdb)
```

另外，ODBC 和 Excel 的接口是只读的，你不能改变电子表格或数据库中的数据。

9.3.3　调查数据的分析

下面是对股票调查所得结果的一些简单的分析，本例性别、投资方法、风险意识、专兼职、投资规模、职业状况、受教育程度和投资结果为定性变量，年龄是定量变量。有时为了分析问题方便，可将年龄定性化。

例如：

1. 年龄分组（age_ g）：20 岁以下（1）；20～29 岁（2）；30～39 岁（3）；40～49岁（4）；50～59 岁（5）；60 岁及以上（6）；缺失（9）。

2. 投资规模（fund_ g）：1 万元以下（1）；1 万～10 万（2）；10 万～50 万（3）；50 万～100 万（4）；100 万～500 万（5）；500 万～1 000 万（6）；1 000 万及以上（7）；缺失（9）。

一、单因素分析

```
head(stock)
```

	sex	age	result	method	risk	post	fund	job	edu
1	1	52	3	2	1	2	917.2	6	5
2	2	46	2	4	2	2	867.3	5	7
3	1	22	3	3	2	2	426.3	5	7
4	2	45	2	2	1	1	33.5	6	6
5	2	40	3	3	2	2	310.0	7	5
6	1	51	3	3	1	2	437.4	5	4

```
tail(stock)
```

	sex	age	result	method	risk	post	fund	job	edu
1136840	1	40	2	4	2	2	701.7	4	7
1136841	1	49	3	4	1	2	724.5	6	6
1136842	2	51	3	2	1	1	184.3	6	7
1136843	1	43	2	3	1	2	1049.2	4	6
1136844	2	45	2	2	2	2	926.4	5	4
1136845	1	47	2	3	1	2	1096.6	7	5

```
Ftab(stock$sex)
```

	例数	构成比（%）
1	796089	70.03
2	340756	29.97
合计	1136845	100.00

```
age_g=cut(stock$age, breaks=c(0,20,30,40,50,60,70,80), right =FALSE)
table(age_g)
Fa=Ftab(age_g)
```

	例数	构成比(%)
[0,20)	24140	2.12
[20,30)	143329	12.61
[30,40)	378390	33.28
[40,50)	397844	35.00
[50,60)	165139	14.53
[60,70)	27481	2.42
[70,80)	522	0.05
合计	1136845	100.00

barplot(Fa,col=1:7)

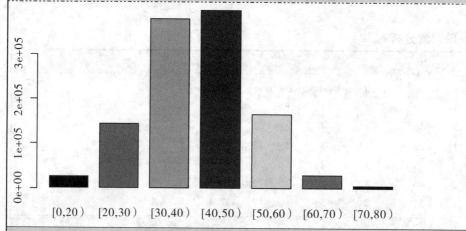

Fr=Ftab(stock$result) #投资结果

	例数	构成比(%)
1	71460	6.29
2	426098	37.48
3	639287	56.23
合计	1136845	100.00

pie(Fr,labels=c('赚钱','不赔不赚','赔钱'))

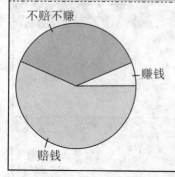

二、两因素分析

```
table(sex, result)
```

	1	2	3
1	50106	298195	447788
2	21354	127903	191499

```
barplot(table(stock$result, stock$sex), beside=T, col=c('red', 'white', 'blue'),
names.arg=c("男","女"), legend.text=c('赚钱','不赔不赚','赔钱'))
```

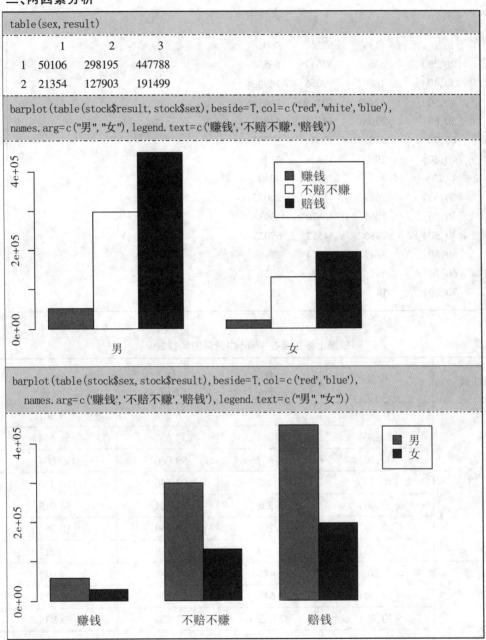

```
barplot(table(stock$sex, stock$result), beside=T, col=c('red', 'blue'),
   names.arg=c('赚钱', '不赔不赚', '赔钱'), legend.text=c("男","女"))
```

三、多因素分析

```
ftable(stock$sex, age_g, stock$result)   #三维列联表
```

		1	2	3
age_g				
1	[0,20)	1138	6224	9601
	[20,30)	6361	37632	56554
	[30,40)	16697	99066	149004
	[40,50)	17482	104550	156746
	[50,60)	7208	43324	64918
	[60,70)	1201	7260	10752
	[70,80)	19	139	213
2	[0,20)	448	2680	4049
	[20,30)	2649	16106	24027
	[30,40)	7065	42620	63938
	[40,50)	7486	44557	67023
	[50,60)	3147	18774	27768
	[60,70)	545	3102	4621
	[70,80)	14	64	73

根据上述结果在 Word 中整理的频数表①

性别	年龄	投资结果		
		赚钱	不赔不赚	赔钱
男	[0,20)	1 138	6 224	9 601
	[20,30)	6 361	37 632	56 554
	[30,40)	16 697	99 066	149 004
	[40,50)	17 482	104 550	156 746
	[50,60)	7 208	43 324	64 918
	[60,70)	1 201	7 260	10 752
	[70,80)	19	139	213
女	[0,20)	448	2 680	4 049
	[20,30)	2 649	16 106	24 027
	[30,40)	7 065	42 620	63 938
	[40,50)	7 486	44 557	67 023
	[50,60)	3 147	18 774	27 768
	[60,70)	545	3 102	4 621
	[70,80)	14	64	73

---

① 将 R 输出的结果拷贝到 Word 中，然后用插入表格功能即可生成表格。

```
ftable(age_g, stock$sex, stock$result)
```

		1	2	3
age_g				
[0,20)	1	1138	6224	9601
	2	448	2680	4049
[20,30)	1	6361	37632	56554
	2	2649	16106	24027
[30,40)	1	16697	99066	149004
	2	7065	42620	63938
[40,50)	1	17482	104550	156746
	2	7486	44557	67023
[50,60)	1	7208	43324	64918
	2	3147	18774	27768
[60,70)	1	1201	7260	10752
	2	545	3102	4621
[70,80)	1	19	139	213
	2	14	64	73

```
ft=ftable(sex, result, age_g);ft
```

		age_g [0,20)	[20,30)	[30,40)	[40,50)	[50,60)	[60,70)	[70,80)
1	1	1138	6361	16697	17482	7208	1201	19
	2	6224	37632	99066	104550	43324	7260	139
	3	9601	56554	149004	156746	64918	10752	213
2	1	448	2649	7065	7486	3147	545	14
	2	2680	16106	42620	44557	18774	3102	64
	3	4049	24027	63938	67023	27768	4621	73

```
rowSums(ft)    #行合计
```

```
[1]  50106  298195  447788  21354  127903  191499
```

```
colSums(ft)    #列合计
```

```
[1]  24140  143329  378390  397844  165139  27481  522
```

```
sum(ft)
```

```
[1] 1136845    #共有 1136845 人
```

　　无论以何种形式分析得到的列联表，其结果都是一样的，现对其进行简单的分析：

　　这些表有三个变量：投资结果（该变量有三个可能取的值，称为三个水平：赔钱、不赔不赚、赚钱）、年龄（有七个水平）、性别（有男、女两个水平），它们都是定性变量。这个表中间的数值是变量各种水平组合（共有 $2 \times 3 \times 7 = 42$ 种组合）出现的频数。比如，30～39 岁男性结果持平的有 99 066 人，女性中 20～30 岁赚钱的有 2 649 人等。从这个表中，还可以算出一些部分和。可以看出，男性赚钱的人数相对比女性要多些等。从比例上来看，女性赚钱的比男性多，如果要得到更加精确的结论，就要做进一步的分析、计算和统计推断。

练习题

1. 试模拟随机游走和布朗运动。

2. 请按模拟次数为 100，1 000，10 000，100 000 模拟大数定律。

3. 利用蒙特卡罗方法求下面的三个积分。

$$\int_{-1}^{1} \frac{1}{\sqrt{2\pi}} e^{-\frac{x^2}{2}} dx, \int_{-2}^{2} \frac{1}{\sqrt{2\pi}} e^{-\frac{x^2}{2}} dx, \int_{-3}^{3} \frac{1}{\sqrt{2\pi}} e^{-\frac{x^2}{2}} dx$$

4. 设有一线性模型 $y = 1 + 2x + e$，其中，$e \sim N(0, 0.1^2)$，试对该模型进行回归模拟研究。

5. 为何要使用数据库进行数据管理？常用的数据库软件有哪些？

6. 关系型数据库和非关系型数据库有何不同？试举例说明。

7. 试用随机数法模拟一组 9.3.1 股民股票投资状况问卷调查的数据（例数为 10 000），并进行基本数据分析。

8. 试从 9.3.1 股民股票投资状况问卷调查的数据中随机抽取 1 000，10 000，100 000进行基本数据分析。

附录　RStudio 简介

我们详细介绍一下 RStudio 的运行环境。下图就是它的主界面。

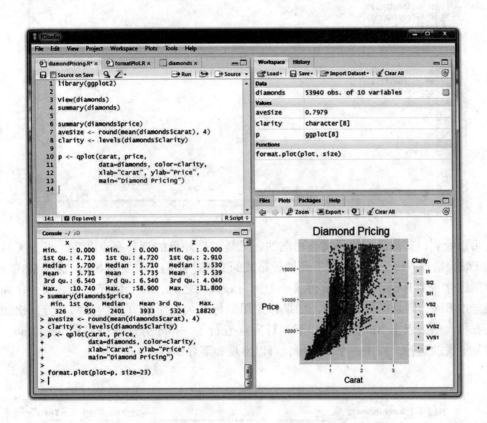

从图上可以看出，它总共有四个工作区域：左上是用来写代码的，左下也可以写代码，同时也是数据输出的地方（记住，R 语言是动态语言，写代码的形式有两种，一种是像写作文一样写很多，也就是像 C 这样的语言一样的代码，另一种则是写一句就编译解释一句。左下就是写一句编译解释一句的工作区域）。右上是 Workspace 和历史记录。右下有四个主要的功能：Files 是查看当前 Workspace 下的文件，Plots 则是展示运算结果的图案，Packages 则能展示系统已有的软件包，并且能勾选载入内存，Help 则是可以查看帮助文档。我们将从左上窗口开始介绍。

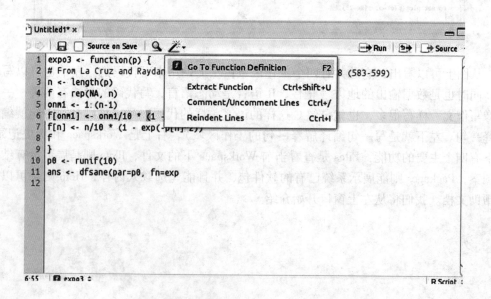

可以看到，其是具有代码高亮功能的，只是高亮颜色的选择有点儿少。点击工具栏上的 File，选择 New，总共可以看到四种格式的文件，我们只需要 R Script 这个格式，这样就能建立一个 R 语言的代码文件了。如图写好代码之后，右上角有个 Run 按钮，如果直接点击 Run，则是运行当前行，如果你先用鼠标在代码上选好要运行的部分，比如前面的五行，然后点击 Run，就能一下运行完这五行了。Run 旁边的按钮是 Re－Run，就是重复上次的运行。点击一个发光棒，可以出现如下界面：

共有四个功能，可以对代码进行修正，如果你要经常写 R 语言的代码，最好把这些快捷键记住，会方便很多。它的左边是查找和替换功能。最好把 Source on Save 勾选上，可以让你的代码及时保存。接下来是左下部分：

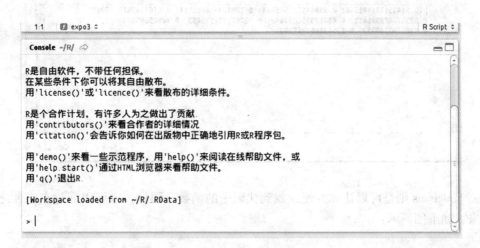

左下部分相对简单，大部分人都是在 Windows 下使用 R 语言的，安装 R 语言的时候都会自动生成一个 Rgui 编辑器，界面就和这个差不多。如果你把 R 语言加入到了环境变量里，在命令行下输入 R 也能看到这个界面。在 Linux 或者 Mac 下的用户，安装了 R 语言之后，在终端输入 R，然后按回车键，就能看到这个界面了，这里可以写代码，也能显示程序运行过程和结果。但是笔者不建议在这窗口写代码，一方面是因为写好的代码不知道怎么保存，另一方面是因为使用不方便，如果不小心将代码写错了，那得重新写。

下面介绍右上部分，截图如下：

Values 和 Functions 都是上一次程序运行后，保存在 .RData 文件里面的值，Values 一项中，保存的是程序运行过程中一些变量的值，我们可以通过鼠标点击，使它们显示出来，如图所示：

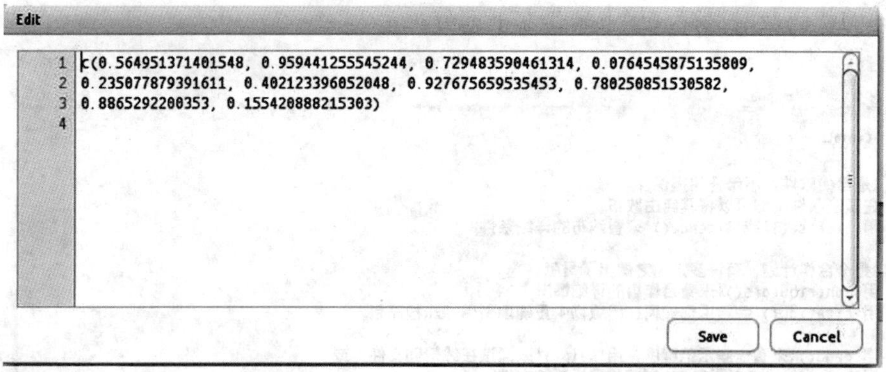

而 Functions 则是可以让你方便地找到代码中的函数，同样，也可以通过点击使之显示出来，如下图所示：

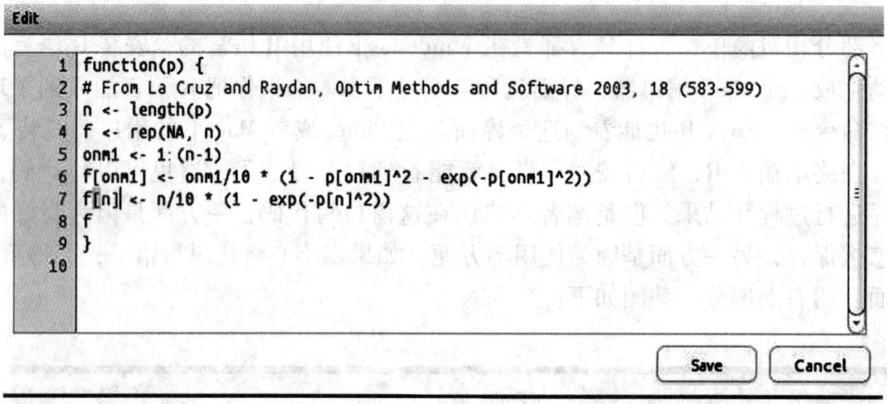

这样就能快速地查看某个函数的代码了，并且能保存下来。R 语言是面向对象的语言，所以函数是可以一个一个分开来的。

界面工具栏的 Load 可以让你切换工作区，R 语言有工作区这个说法，每个工作区都会有一个隐藏文件 .RData，Save 可以保存当前工作区，这个可以方便你换电脑工作等。Import dataset 则可以导入按照 R 语言要求的数据格式的数据集。Clear All 可以将当前工作区的 Values 和 Functions 清除干净。RStudio 不会自动更新这个工作区的值，如果你要获得运行代码的 Values 和 Functions，最好在运行前 Clear All 一下。点击 History，可以切换到历史记录界面，如下图所示：

```
Workspace  History
  To Console  To Source
a=100
expo3 <- function(p) {
# From La Cruz and Raydan, Optim Methods and Software 2003, 18 (583-599)
n <- length(p)
f <- rep(NA, n)
onm1 <- 1:(n-1)
f[onm1] <- onm1/10 * (1 - p[onm1]^2 - exp(-p[onm1]^2))
f[n] <- n/10 * (1 - exp(-p[n]^2))
f
}
p0 <- runif(10)
ans <- dfsane(par=p0, fn=exp
a=100
fix(expo3)
fix('p0')
fix(expo3)
```

这些代码是之前运行过的代码，可以保存下来，也可以选择一部分，然后按 To Console 或者 To Source，前者是将选择的代码送到右下方去运行，后者是将代码送到右上方的光标位置。最右边的两个按钮，左边那个是清除选中的部分，右边的是清除全部。

下面介绍右下方，右下方的功能比较多。

```
Files  Plots  Packages  Help
New Folder  Delete  Rename  More
Home > R
  #x.py#                        20 bytes    Dec 15, 2011, 10:36 PM
  #习题3.8.R#                    279 bytes   Nov 21, 2011, 9:18 PM
  #调和曲线.R#                   778 bytes   Dec 15, 2011, 1:03 PM
  #饼图.R#                       1.8 KB      Dec 5, 2011, 12:03 AM
  #饼图例子.R#                   450 bytes   Dec 5, 2011, 12:15 AM
  .RData                        8.1 KB      Oct 17, 2011, 6:36 PM
  .Rhistory                     877 bytes   Feb 20, 2012, 9:26 PM
  dataOutLine.R                 573 bytes   Nov 3, 2011, 10:27 PM
  gCIfun.R                      184 bytes   Nov 7, 2011, 1:14 AM
  i686-pc-linux-gnu-library
  library
```

这个是 Files 的界面，可以显示工作区内的文件，New Folder 就是新建文件，Delete 可以删除，Rename 可以重命名，当然要做这些操作之前要先在需操作的文件左边进行勾选。More 则提供了其他功能。下面是 Plot 的界面：

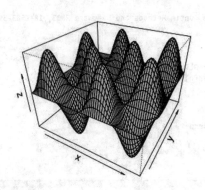

图形可以随着这个工作区的变大而缩放。工具栏上有一个 Zoom，可以放大图片，Export 则可以将图片导出，不仅可以导出为图片格式文件，也可以导出为 PDF 文件，还能粘贴到剪切板上。Image format 处可以选择图片的格式，一般选择 png，Directory 可以选择保存的文件夹，File name 可以输入图片的名字，Width 和 Height 可以输入图片的宽度和高度。这个功能比较方便，不用写代码来保存图片。

Packages 界面如下，可以显示已经 Import 的包，也显示你安装的所有包。

Files	Plots	Packages	Help
□ Install Packages		◎ Check for Updates	

□ bitops	Functions for Bitwise operations	◎
□ boot	Bootstrap Functions (originally by Angelo Canty for S)	◎
□ cairoDevice	Cairo-based cross-platform antialiased graphics device driver.	◎
□ cairoDevice	Cairo-based cross-platform antialiased graphics device driver.	◎
□ car	Companion to Applied Regression	◎
□ CarbonEL	Carbon Event Loop	◎
□ caTools	Tools: moving window statistics, GIF, Base64, ROC AUC, etc.	◎
□ caTools	Tools: moving window statistics, GIF, Base64, ROC AUC, etc.	◎
□ chron	Chronological objects which can handle dates and times	◎
□ chron	Chronological objects which can handle dates and times	◎
□ class	Functions for Classification	◎
□ cluster	Cluster Analysis Extended Rousseeuw et al.	◎
□ coda	Output analysis and diagnostics for MCMC	◎
□ coda	Output analysis and diagnostics For MCMC	◎
□ codetools	Code Analysis Tools for R	◎
□ coin	Conditional Inference Procedures in a Permutation Test Framework	◎

这里可以安装新的包，也可以升级各个包。同时点击包名字的链接，就能够看到该包的文档了。

Help 界面就不详细介绍了，它可以很方便地搜索关键词，然后获得帮助，这个功能非常好，用它来查找帮助文档快速、有效。

参考文献

［1］王斌会．多元统计分析与 R 语言建模．4 版［M］．广州：暨南大学出版社，2017.

［2］王斌会．Excel 应用与数据统计分析［M］．广州：暨南大学出版社，2011.

［3］王斌会．计量经济学模型及 R 语言应用［M］．北京：北京大学出版社；广州：暨南大学出版社，2015.

［4］薛毅，陈立萍．统计建模与 R 软件［M］．北京：清华大学出版社，2007.

［5］R DEVELOPMENT CORE TEAM. R：a language and envi – ronment for statistical computing［J］. R Foundation for Statisti – cal Computing，Vienna，Austria，2005. URL：http：//www. R-project. org.

［6］J VERZANI. Using R for introductory statistics：Second edition［M］. BocaRaton：CRC Press，2004.

［7］R A BECKER，J M CHAMBERS，A R WILKS. The new S language［M］. New York：Chapman & Hall，1988.

［8］J M CHAMBERS，T J HASTIE. Statistical models in S［M］. New York：Chapman & Hall，1992.

［9］J M CHAMBERS. Programming with data［M］. New York：Springer，1998.

［10］W N VENABLES，B D RIPLEY. Modern applied statistics with S：4th Ed［M/OL］. http：//www. stats. ox. ac. uk/pub/MASS4/.

参考文献

[1] 王文博. 多媒体技术及应用[M]. 北京: 清华大学出版社, 2013.

[2] 李四维. 数字媒体技术概论[M]. 北京: 机械工业出版社, 2012.

[3] 张三丰. 计算机图形学[M]. 北京: 电子工业出版社, 2009.

[4] UNIVERSITY OF BRISTOL. An integrated system for digital animation [J]. Computing, 2004.

[5] 赵六. 数字动画制作基础[M]. 上海: 上海科学技术出版社, 2008.

[6] JONES T M, SMITH R. Computer graphics and animation [M]. London: Academic Press, 2007.

[7] BROWN N S, WHITE P. Digital media production [M]. New York: McGraw-Hill, 1997.

[8] CARTER W D, ROBINSON L. The practice of computer animation [M]. Cambridge: Cambridge University Press, 2005.